はじめての電気工学

臼田 昭司・山崎 高弘・大野 麻子 共著

Electrical Engineering

森北出版株式会社

●本書のサポート情報を当社Webサイトに掲載する場合があります．下記のURLにアクセスし，サポートの案内をご覧ください．

https://www.morikita.co.jp/support/

●本書の内容に関するご質問は，森北出版 出版部「(書名を明記)」係宛に書面にて，もしくは下記のe-mailアドレスまでお願いします．なお，電話でのご質問には応じかねますので，あらかじめご了承ください．

editor@morikita.co.jp

●本書により得られた情報の使用から生じるいかなる損害についても，当社および本書の著者は責任を負わないものとします．

■本書に記載している製品名，商標および登録商標は，各権利者に帰属します．

■本書を無断で複写複製（電子化を含む）することは，著作権法上での例外を除き，禁じられています．複写される場合は，そのつど事前に（一社）出版者著作権管理機構（電話03-5244-5088，FAX03-5244-5089，e-mail：info@jcopy.or.jp）の許諾を得てください．また本書を代行業者等の第三者に依頼してスキャンやデジタル化することは，たとえ個人や家庭内での利用であっても一切認められておりません．

はじめに ● ● ●

　本書では，電気・機械系技術者にとって最低限必要となる電気の基礎知識を解説します．大学では，2～3年生において，専門科目として電気回路と電磁気学を本格的に学びます．本書は，これらの専門科目を学ぶ前に，その基礎となっている電気工学の基本について広く学習できるように構成したものです．

　まず，1～5章では電気回路の基礎について解説します．オームの法則，合成抵抗の計算，キルヒホッフの法則などの直流回路の基本から，電力と電力量の計算，熱エネルギーとゼーベック効果，電気抵抗について解説します．

　つぎに，6～10章では電磁気学の基礎について解説します．電流と磁界の関係，磁気回路の基本となる磁気や磁界の基礎，磁気回路のオームの法則，モータや発電機の基本となる電磁誘導作用，フレーミングの法則などについて解説します．

　11～13章では，交流回路の基礎について解説します．複素数やフェーザ表示，正弦波交流について，交流回路の基本から，コイルや変圧器の基本要素になっているインダクタンスと，コンデンサの基本的な量であるキャパシタンスの基本とはたらきについて解説します．

　各章には，本文の理解を深めるために例題を設けています．解説では例題の解き方について具体的に説明しています．また，各章末には，復習と課題を目的として演習問題を設けています．演習問題にはそれぞれ解説が記載されていますので，自習してわからないときは，解説を参照するなどしてさらに理解を深めることができます．

　本書は，1～5章は電気の基礎，6～10章は磁気の基礎，11～13章は交流の基礎とそれぞれ独立したパートになっていますので，講義のカリキュラムに合わせて，また，予備知識のある方は自分に合ったレベルで読み進むことができます．ですが，各パートは完全に独立したものではなく，基本的な法則や考え方には共通したところもありますので，初心者は一通り読まれることを望みます．

　本書を通して，電気工学をひもとき，理解を深め，学生にとっては電気回路や電磁気学などの専門科目の学習に入る前の次のステップの足がかりとなることを願い，また，技術者にとっては電気工学の基礎全般をもう一度勉強する際の一つのきっかけになれば，筆者らの望外の喜びです．

2014年6月

　　　　　　　　　　　　　　　　　　　　　　　　　　　　　　　筆者らしるす

目　　次 ● ● ●

1章　直流回路の基本を学ぼう　その1 ───── 1
1.1　電流・電圧・抵抗　1
1.2　オームの法則　5
1.3　抵抗を直列接続してみよう　6
1.4　直列接続の合成抵抗を求めよう　7
1.5　電圧の分圧　9
演習問題　10

2章　直流回路の基本を学ぼう　その2 ───── 11
2.1　抵抗を並列接続してみよう　11
2.2　並列接続の合成抵抗を求めよう　12
2.3　直並列接続の合成抵抗を求めよう　14
2.4　分流器と倍率器　15
2.5　検流計　18
2.6　ホイートストンブリッジ　18
演習問題　20

3章　電気回路の基本法則を学ぼう ───── 23
3.1　キルヒホッフの第1法則　23
3.2　キルヒホッフの第2法則　24
3.3　複雑な回路網の計算をしてみよう　26
演習問題　29

4章　電気のもつエネルギーとは ───── 30
4.1　電気により発生する熱エネルギー　30
4.2　電気エネルギーの消費と電力　31
4.3　熱により発生する電気エネルギー　33
演習問題　35

5章　電気抵抗とは ─────────────── 36

5.1　抵抗率　36
5.2　導電率　39
5.3　温度による抵抗値の変化　39
演習問題　41

6章　磁石のもつ性質とは ─────────── 42

6.1　磁石と磁気　42
6.2　磁極にはたらく力　43
6.3　磁気誘導　45
6.4　電流による磁界　47
演習問題　49

7章　磁界の強さを計算しよう ────────── 50

7.1　点磁荷による磁界の強さ　50
7.2　ビオ−サバールの法則　51
7.3　アンペールの周回路の法則　54
演習問題　58

8章　モータを回転させる力 ─────────── 59

8.1　磁界の強さと磁束密度　59
8.2　電磁力　61
8.3　方形コイルにはたらくトルク　65
8.4　コイルの回転にともなうトルクの変化　66
演習問題　68

9章　磁束を通しやすい物質 ─────────── 69

9.1　起磁力と磁気抵抗　69
9.2　透磁率と比透磁率　71
9.3　磁束密度と磁界の大きさ　73
9.4　磁気回路と電気回路の対応　74
演習問題　77

10章　コイルに発生する起電力 ──── 78

10.1　電磁誘導　　78
10.2　誘導起電力の大きさと向き　　79
10.3　直線状導体に発生する誘導起電力　　81
10.4　導体の運動方向と誘導起電力　　83
演習問題　　84

11章　交流回路の基本を学ぼう ──── 86

11.1　正弦波交流の周期, 最大値, 実効値　　86
11.2　正弦波交流の角周波数, 位相　　89
11.3　正弦波交流のフェーザ表示と複素数表示　　91
演習問題　　94

12章　コイルのはたらき ──── 95

12.1　自己誘導と自己インダクタンス　　95
12.2　相互誘導と相互インダクタンス　　98
12.3　変圧器　　101
演習問題　　102

13章　コンデンサのはたらき ──── 103

13.1　静電気とクーロンの法則　　103
13.2　電気力線と電界の強さ　　105
13.3　電束と電束密度　　107
13.4　コンデンサと静電容量　　108
演習問題　　112

演習問題解答 ──── 113

さくいん ──── 136

量記号と単位記号

量	量記号	単位記号	名称	式
電気量	Q	C	クーロン (coulomb)	$Q = It$
電流	I, i	A	アンペア (ampere)	$I = V/R$
電圧	V, v	V	ボルト (volt)	$V = RI$
電気抵抗	R	Ω	オーム (ohm)	$R = V/I$
コンダクタンス	G	S	ジーメンス (siemens)	$G = 1/R$
熱量, エネルギー	H	J	ジュール (joule)	$H = I^2 Rt$
電力	P	J/s, W	ジュール毎秒, ワット (watt)	$P = VI$
電力量	W	W·s, J	ワット・セカンド, ジュール	$W = Pt$
抵抗率	ρ	Ω·m	オーム・メートル	
導電率	σ	S/m	ジーメンス毎メートル	$\sigma = 1/\rho$
磁界	H	A/m	アンペア毎メートル	$H = I/l$
磁束	Φ	Wb	ウェーバ (weber)	$V = d\phi/dt$
磁束密度	B	T	テスラ (tesla)	$B = \Phi/A$
透磁率	μ	H/m	ヘンリー毎メートル	$\mu = B/H$
電磁力	F	N	ニュートン (newton)	$N = BIl$
電界	E	V/m	ボルト毎メートル	$E = V/l$
電束密度	D	C/m^2	クーロン毎平方メートル	$D = Q/A$
誘電率	ε	F/m	ファラド毎メートル	$\varepsilon = D/E$
静電容量	C	F	ファラド (farad)	$C = Q/V$
インダクタンス	L, M	H	ヘンリー (henry)	$L = \Phi/I$
周期	T	s	秒	
周波数	f	Hz	ヘルツ (hertz)	$f = 1/T$
角周波数	ω	rad/s	ラジアン毎秒	$\omega = 2\pi f$
位相	θ	rad	ラジアン (radian)	$2\pi \,[\text{rad}] = 360°$

l は長さ [m], A は面積 [m^2]

単位の接頭語

倍数	記号	名称	倍数	記号	名称
10	da	デカ (deca)	10^{-1}	d	デシ (deci)
10^2	h	ヘクト (hecto)	10^{-2}	c	センチ (centi)
10^3	k	キロ (kilo)	10^{-3}	m	ミリ (milli)
10^6	M	メガ (mega)	10^{-6}	μ	マイクロ (micro)
10^9	G	ギガ (giga)	10^{-9}	n	ナノ (nano)
10^{12}	T	テラ (tera)	10^{-12}	p	ピコ (pico)
10^{15}	P	ペタ (peta)	10^{-15}	f	フェムト (femto)

ギリシャ文字

大文字	小文字	名称	大文字	小文字	名称	大文字	小文字	名称
A	α	アルファ	I	ι	イオタ	P	ρ	ロー
B	β	ベータ	K	κ	カッパ	Σ	σ	シグマ
Γ	γ	ガンマ	Λ	λ	ラムダ	T	τ	タウ
Δ	δ	デルタ	M	μ	ミュー	Υ	υ	ユプシロン
E	ε	イプシロン	N	ν	ニュー	Φ	ϕ	ファイ
Z	ζ	ジータ	Ξ	ξ	グザイ	X	χ	カイ
H	η	イータ	O	o	オミクロン	Ψ	ψ	プサイ
Θ	θ	シータ	Π	π	パイ	Ω	ω	オメガ

カラー抵抗（カラーコード）の読み方

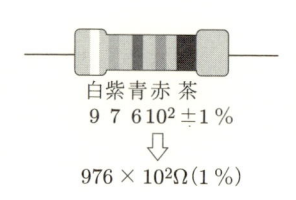

白紫青赤 茶
9 7 6 10^2 ±1%
↓
$976 \times 10^2 \Omega (1\%)$

色	第1〜3色帯（第1〜3数字）	第4色帯（桁）	第5色帯（許容差）
黒	0（黒い礼服）	$\times 10^0$	
茶	1（お茶を一杯）	$\times 10^1$	±1%
赤	2（赤い人参）	$\times 10^2$	±2%
橙	3（だいだいみかん）	$\times 10^3$	
黄	4（黄色い信号）	$\times 10^4$	
緑	5（みどりご）	$\times 10^5$	±0.5%
青	6（青虫）	$\times 10^6$	±0.25%
紫	7（紫式部）	$\times 10^7$	±0.1%
灰	8（ハイヤー）	$\times 10^8$	
白	9（ホワイトクリスマス）	$\times 10^9$	
金		$\times 10^{-1}$	±5%
銀		$\times 10^{-2}$	±10%

1章　直流回路の基本を学ぼう　その1

電気回路を学ぶうえでもっとも基本的，かつ重要な要素である電圧・電流・抵抗の関係を表したものがオームの法則です．本章では，抵抗が直列接続された直列回路の合成抵抗と，電圧と電流の関係を説明します．本章の直列回路と，次章の並列回路を学ぶことで，電気回路におけるもっとも基本的な電圧と電流の関係がわかります．

1.1　電流・電圧・抵抗

電気回路では，電圧により電流が流れ，抵抗によりその流れが妨げられます．まずはじめに，電流・電圧・抵抗とは何か，それぞれ説明します．

(1) 電流

電流（electric current）とは，電荷をもった電子が導体を移動することでできる電気の流れです．**導体**（電気を通しやすい性質をもった物質）が電気を帯びることを**帯電**といい，導体を流れる電子を**電荷**といいます．はじめに，電子についておさらいしましょう．

すべての物質は原子により構成されています．図 1.1 はヘリウム原子です．原子は原子核と電子により構成されています．電子は原子核の周りをぐるりと1周する軌道上を回り続けています．原子核の中には電子と同じ数の陽子が存在します．マイナスの電荷をもつ電子とプラスの電荷をもつ陽子が同数存在することで，原子はマイナスやプラスの電気的特性をもたない「中性」として安定した状態を保っています．

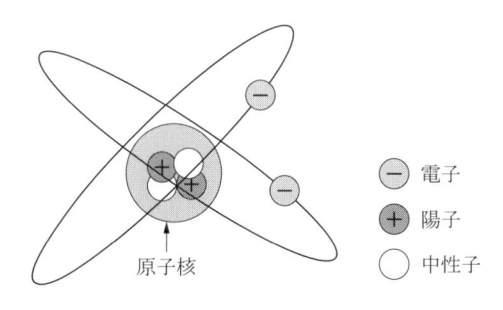

図 1.1　ヘリウム原子

ここに何らかのきっかけで力が加わることによって電子が失われると、プラスの電荷をもつ陽子の数のほうが多くなり、結果として、その物質はプラスの電気的特性をもつことになります。このことを正イオン化といいます。逆に、電子が加わることでマイナスの電気的特性をもつようになることを負イオン化といいます。

正イオン化により原子核から離れた電子のことを**自由電子**とよびます。自由電子はマイナスの電荷をもち、導体内を自由に動き回ることができます。

電子の質量は 9.1×10^{-31} [kg] であり、1個の電子のもつ電荷は 1.60×10^{-19} [C]（クーロン）と定められています。電荷の単位には**クーロン**（coulomb, 記号 C）が用いられます。式 (1.1) に示すように、ある導体の断面を t [s]（秒）間に Q [C] の電荷が流れたとき、「I [A]（アンペア）の電流が流れた」といいます。

$$I [\text{A}] = \frac{Q [\text{C}]}{t [\text{s}]} \tag{1.1}$$

このように、電流とは電荷をもった電子の流れを指します。電流は記号 I で表され、単位には**アンペア**（ampere, 記号 A）が用いられます。ただし正確には、図 1.2 に示すように、電流の流れる方向（プラスからマイナス）は電子の流れる方向（マイナスからプラス）とは逆方向であると決められています。

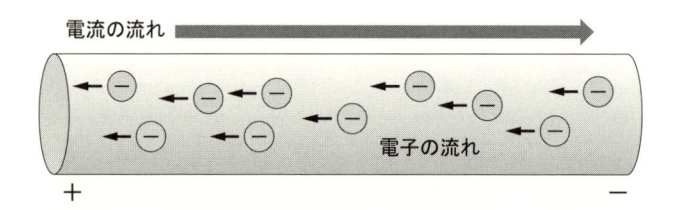

図 1.2 電流の流れと電子の流れ

(2) 電圧

電流を流す力となる電気の圧力を、**起電力**（electromotive force）といいます。電圧は、電気的な高さを表す**電位**の差、すなわち**電位差**により発生します。電位差や電圧は記号 V で表され、単位には**ボルト**（volt, 記号 V）が用いられます。

図 1.3 のように、高さの違う二つの水槽が置かれているとします。このうち高いほうの水槽に穴を開けたとしたら、中の水は低いほうの水槽に流れていきます。二つの水槽の水位差を電位差と考えると、水槽に穴が開いたことで流れ出す水流が電流に相当します。

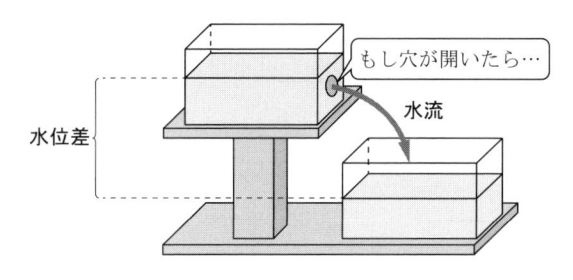

図 1.3 水位差と水流

　ここで,「差」という言葉に注目しましょう.「差」とは,何かと何かを比べた相対的な尺度です.「差は 10 である」と言われても,何に対しての 10 なのか,大きいのか小さいのかわかりません.つまり,電圧を表すためには基準が必要となります.電位差を使って電圧を表すためには,基準となる「電位 0 [V] の地点」を決める必要があります.

　図 1.4 を使って説明しましょう.ビルのどの階に基準を置くかによって,「10 [m] 高い」が実際に何 m の地点を指すのかが変わってきます.同様に,図の 1.5 [V] の電池が二つ接続された回路において,点 a, b, c のいずれかを 0 [V] とした場合の各点の電位はそれぞれ異なります.たとえば,点 c を 0 [V] とした場合は,点 b の電位は 1.5 [V],点 a の電位は 3.0 [V] となります.一方,点 b を 0 [V] とした場合は,点 c は −1.5 [V],点 a は 1.5 [V] となります.

　この 0 [V] 地点のことを**アース**または**グラウンド**とよび,図 1.5 の記号で表します.

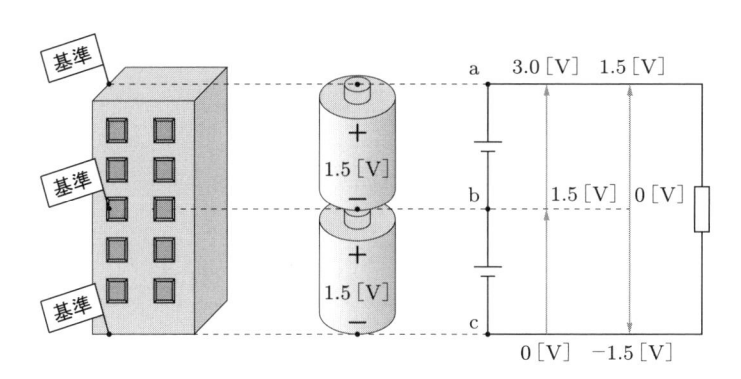

図 1.4　電圧には基準が必要

図 1.5　アース（グラウンド）の記号

(3) 抵抗

回路上に接続されたコイルなどの部品のことを，**素子**（回路素子）といいます．導線よりも電流が流れにくい物質を素子として使うとき，その素子の「電流の流れにくさ」を表すのが**抵抗**（resistance）です．抵抗は記号 R で表され，単位には**オーム**（ohm, 記号 Ω）が用いられます．

(4) 電気回路における電流・電圧・抵抗

電気回路（electric circuit）とは，文字どおり電流が周回する通路を意味します．図 **1.6** は電気回路の例をイラスト（図(a)）と回路図（図(b)）によって示したものです．この回路は，一つの乾電池（電源）と一つの豆電球（抵抗）により構成されています．電源と抵抗の記号，電流の表し方について見てください．電源は上が長い 2 本線，抵抗は長方形の記号を使って表します．電流の流れる方向は矢印で表すことにします．電流は電源電圧の力により回路上を流れ，抵抗で一部が光や熱のエネルギーとして消費され，ふたたび電源に戻ります．

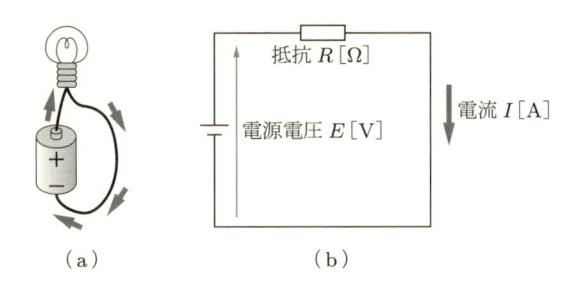

図 **1.6** 電気回路の例

電源電圧は記号 E で表されます．前述のとおり，電圧は基準となる地点（$0\,[\mathrm{V}]$ の地点）に対する相対的な値として表されます．基準点よりも高ければプラス，低ければマイナスの値をとります．

電気回路における電流・電圧・抵抗の関係は，しばしば水路にたとえて説明されます．水路（電気回路）とは，水（電流）の流れる通路です．水（電気）を流す圧力である水圧（電圧）は，水位差（電位差）により生まれます．水圧をつくり出すポンプのような役割をもつのが電源です．図 **1.7** のように，低いほうの水槽から高いほうの水槽へポンプで水を送ると考えると，回路がイメージしやすいかもしれません．また，高い水槽から低い水槽へパイプを通して水が流れるとすると，このパイプの太さを変えることにより，水の流れ具合が変わってきます．この「パイプの太さにより生じる水の流れにくさ」が抵抗の大きさに相当します．

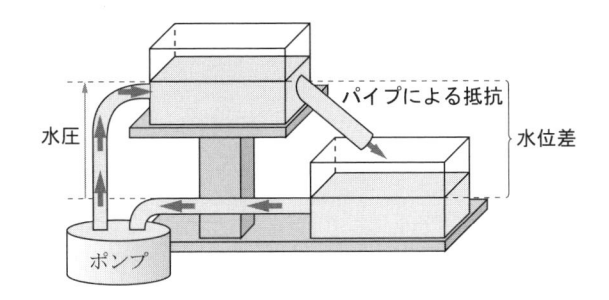

図 1.7　水路のイメージ

1.2　オームの法則

電気回路における電圧・電流・抵抗の関係は，**オームの法則**（Ohm's law）に従います．これは，

◇ ある導体を流れる電流 I は，両端に加えられた電圧 V に比例し，抵抗 R に反比例する

という関係です．電圧が上がると電流は流れやすくなり，抵抗が大きくなると電流は流れにくくなります．この関係を式 (1.2) に示します．電圧・電流・抵抗のうち二つがわかれば，この式から残りの一つを求めることが可能です．

$$\text{電圧}: V = IR\,[\text{V}], \quad \text{電流}: I = \frac{V}{R}\,[\text{A}], \quad \text{抵抗}: R = \frac{V}{I}\,[\Omega] \tag{1.2}$$

また，R の逆数を**コンダクタンス**とよびます．記号は G，単位は**ジーメンス**（siemens, 記号 S）で表します．抵抗 R が電流の流れにくさを表すのに対し，コンダクタンス G は電流の流れやすさを表します．この関係を式 (1.3) に示します．

$$\text{コンダクタンス}: G = \frac{1}{R}\,[\text{S}], \quad \text{抵抗}: R = \frac{1}{G}\,[\Omega] \tag{1.3}$$

例題 1.1　図 1.6 の回路において，抵抗 $R = 5\,[\Omega]$，電圧 $V = 1\,[\text{V}]$ のとき，電流 I の値を求めなさい．

答
0.2 [A]

解説
オームの法則より，

$$I = \frac{V}{R} = \frac{1}{5} = 0.2 \,[\text{A}]$$

となります．

1.3 抵抗を直列接続してみよう

図 1.6 の回路に，豆電球（抵抗）をもう一つ直列につないだ場合を考えてみましょう（**図 1.8**）．二つの抵抗を R_1, R_2 と表して区別します．このとき，R_1 と R_2 にかかる電圧 V_1, V_2 を端子電圧といいます．

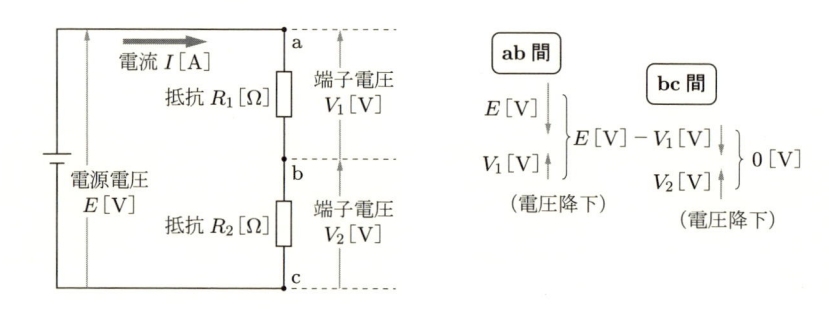

図 1.8　抵抗の直列接続における端子電圧と電圧降下

電源電圧 $E\,[\text{V}]$ は抵抗 R_1 において $V_1\,[\text{V}]$，抵抗 R_2 において $V_2\,[\text{V}]$ 低くなり，点 c では $0\,[\text{V}]$ となります．これを**電圧降下**といいます．直列回路における電流 I は常に一定であることから，端子電圧 V_1, V_2 はそれぞれ，オームの法則を用いてつぎのように求められます．

$$\left.\begin{array}{l} V_1 = IR_1 \,[\text{V}] \\ V_2 = IR_2 \,[\text{V}] \end{array}\right\} \tag{1.4}$$

図中の ac 間には電源電圧 $E\,[\text{V}]$ がかかっています．ab, bc 間の端子電圧の和は，ac 間にかかる電源電圧の値と等しくなります．これについては，1.5 節で詳しく説明します．

$$E = V_1 + V_2 = I(R_1 + R_2) \,[\text{V}] \tag{1.5}$$

> **例題 1.2** 図 1.9 の回路において，つぎの各問いに答えなさい．
> （1）電流 I [A] を求めなさい．
> （2）抵抗 R_1 における電圧降下 V_1 を求めなさい．
> （3）抵抗 R_2 における電圧降下 V_2 を求めなさい．

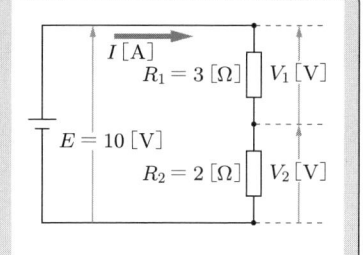

図 1.9 抵抗が直列接続された回路

答
（1）2 [A]　（2）6 [V]　（3）4 [V]

解説
（1）式 (1.5) を I について解くと，

$$I = \frac{E}{R_1 + R_2} = \frac{10}{3+2} = 2\,[\text{A}]$$

となります．
（2）式 (1.4) に代入します．$V_1 = I \times R_1 = 2 \times 3 = 6\,[\text{V}]$
（3）問（2）と同様に考えます．$V_2 = I \times R_2 = 2 \times 2 = 4\,[\text{V}]$

1.4 直列接続の合成抵抗を求めよう

図 1.10 (a) のように直列接続された複数の抵抗があるとき，図 (b) のような仮想の抵抗が一つあるとみなすことができます．これを**合成抵抗**といいます．直列接続された複数の抵抗の合成抵抗 R_0 は，個々の抵抗（$R_1, R_2, \cdots$）を足し合わせることによって求めることができます．この関係は，式 (1.5) からも確認することができます．

(a) 直列接続された抵抗 R_1 と R_2
　　　　抵抗の合成
(b) 合成抵抗 R_0

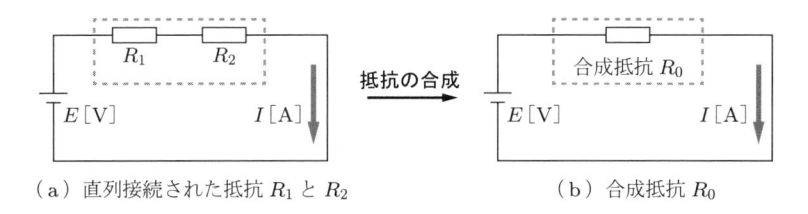

図 1.10 直列接続された抵抗の合成

$$R_0 = R_1 + R_2\,[\Omega] \tag{1.6}$$

たとえば，抵抗 $5\,[\Omega]$ の豆電球を二つ直列に接続したときの電流 $I\,[\mathrm{A}]$ は，電源電圧を $E = 1\,[\mathrm{V}]$ とすると，つぎのように求めることができます．

$$\left.\begin{aligned} R_0 &= R_1 + R_2 = 5 + 5 = 10\,[\Omega] \\ I &= \frac{E}{R_0} = \frac{1}{10} = 0.1\,[\mathrm{A}] \end{aligned}\right\} \tag{1.7}$$

このように，合成抵抗 R_0 を計算してから，オームの法則の式を I について解いていきます．電流 $I\,[\mathrm{A}]$ は，$5\,[\Omega]$ の抵抗一つを接続した**例題 1.1** の場合の半分の値になります．実際につないでみると，電球が暗くなっていることが確認できます．

例題 1.3 図 1.11 の回路において，つぎの各値を求めなさい．
 (1) $R_1 = 3\,[\Omega]$, $R_2 = 2\,[\Omega]$ のときの合成抵抗 R_0
 (2) $R_1 = 1\,[\mathrm{k}\Omega]$, $R_2 = 3.5\,[\mathrm{k}\Omega]$ のときの合成抵抗 R_0
 (3) $I = 2\,[\mathrm{A}]$, $R_1 = 0.5\,[\Omega]$ のときの R_2

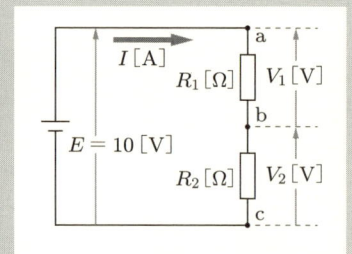

図 1.11 抵抗が直列接続された回路

【答】
(1) $5\,[\Omega]$ (2) $4.5\,[\mathrm{k}\Omega]$ (3) $4.5\,[\Omega]$

【解説】
(1) 直列接続の合成抵抗は，各抵抗の和となります．$R_0 = R_1 + R_2 = 3 + 2 = 5\,[\Omega]$
(2) 問(1)と同様に考えます．$R_0 = R_1 + R_2 = 1 + 3.5 = 4.5\,[\mathrm{k}\Omega]$
(3) オームの法則より，まずは合成抵抗 R_0 を求めます．

$$R_0 = \frac{E}{I} = \frac{10}{2} = 5\,[\Omega]$$

R_0 は R_1 と R_2 の和なので，

$$R_2 = R_0 - R_1 = 5 - 0.5 = 4.5\,[\Omega]$$

となります．

1.5 電圧の分圧

図 1.11 の回路において，電源電圧は $E = 10\,[\mathrm{V}]$ ですので，ac 間の電圧は $10\,[\mathrm{V}]$ となります．しかし，ab 間には抵抗 R_1 により端子電圧 V_1 が，bc 間には抵抗 R_2 により V_2 がそれぞれかかっています．つまり，ac 間の電圧は，ab 間の電圧 V_1 および bc 間の電圧 V_2 という二つの電圧に分けられています．このことを「電圧の分圧」といいます．

抵抗 R_1 および R_2 と，端子電圧 V_1 および V_2 にはどのような関係があるのでしょうか．まず，端子電圧 V_1 および V_2 を求める式 (1.4) に電流 I を求める式 (1.5) を代入することで，次式が得られます．

$$\left.\begin{array}{l} V_1 = IR_1 = \dfrac{R_1}{R_1 + R_2} E\,[\mathrm{V}] \\[2mm] V_2 = IR_2 = \dfrac{R_2}{R_1 + R_2} E\,[\mathrm{V}] \end{array}\right\} \tag{1.8}$$

式 (1.8) を比例関係で表すと，つぎのようになります．

$$V_1 : V_2 = IR_1 : IR_2 = R_1 : R_2 \tag{1.9}$$

すなわち，端子電圧の比と抵抗の比は等しいことがわかります．

例題 1.4 図 1.11 の回路において，$E = 20\,[\mathrm{V}]$，$I = 2\,[\mathrm{A}]$，R_1 と R_2 の比は $2:3$ であった．つぎの各値を求めなさい．
（1）抵抗 R_1 と R_2
（2）端子電圧 V_1 と V_2（端子電圧の比と抵抗の比は等しいことを利用して求める）

答
（1）$R_1 = 4\,[\Omega]$, $R_2 = 6\,[\Omega]$　（2）$V_1 = 8\,[\mathrm{V}]$, $V_2 = 12\,[\mathrm{V}]$

解説
（1）R_1 と R_2 の比は $2:3$ なので，$R_1 = 2x$, $R_2 = 3x$ とおきます．ab 間の合成抵抗は $R_0 = R_1 + R_2 = 2x + 3x$ なので，

$$E = I \times (2x + 3x)$$
$$20 = 2 \times 5x$$
$$x = 2$$

となり，$R_1 = 2 \times 2 = 4\,[\Omega]$，$R_2 = 3 \times 2 = 6\,[\Omega]$ となります．

（2）端子電圧 V_1 と V_2 の比も $2:3$ なので，$V_1 = 2y$，$V_2 = 3y$ とおきます．

$$E = V_1 + V_2 = 2y + 3y$$
$$20 = 5y$$
$$y = 4$$

したがって，$V_1 = 2 \times 4 = 8\,[\mathrm{V}]$，$V_2 = 3 \times 4 = 12\,[\mathrm{V}]$ となります．

●●● 演習問題 ●●●

1.1 ある回路上の導線 ab において，$1\,[\mathrm{ms}]$（ミリ秒）間に $5\,[\mu\mathrm{A}]$ の電流が流れたとする．このとき，ab 間を移動した電子の数は何個か答えなさい．ただし，小数点以下 2 桁の仮数と指数により表すこと．

1.2 図 1.12 の回路について，つぎの各問いに答えなさい．
　（1）電流 I が一定の回路において，抵抗 R の値が 2 倍になったとき，電圧 V の値は何倍になるか．
　（2）電圧 E が一定の回路において，抵抗 R の値が 4 倍になったとき，電流 I の値は何倍になるか．

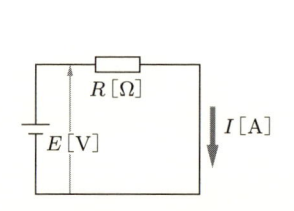

図 1.12　抵抗が一つ接続された回路 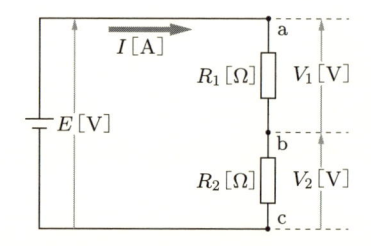　　図 1.13　抵抗が直列に接続された回路

1.3 図 1.13 の回路において，$E = 30\,[\mathrm{V}]$，$I = 2\,[\mathrm{A}]$，$V_1 = 10\,[\mathrm{V}]$ のとき，R_1 および R_2 の値は何 $[\Omega]$ であるか答えなさい．

1.4 図 1.13 の回路において，$E = 15\,[\mathrm{V}]$，$I = 2\,[\mathrm{A}]$，$R_2 = 0.5\,[\Omega]$ のとき，R_1 と R_2 の合成抵抗 R_0 および R_1 の値は何 $[\Omega]$ であるか答えなさい．

1.5 図 1.13 の回路において，R_1 から $1\,[\mathrm{V}]$ の電圧を取り出すためには，R_2 の値を何 $[\Omega]$ にすればよいか答えなさい．ただし，$E = 10\,[\mathrm{V}]$，$R_1 = 2\,[\Omega]$ とする．

2章　直流回路の基本を学ぼう　その2

本章でははじめに，並列接続と直並列回路およびその応用について説明します．並列接続は，前章の直列接続とともに電気回路ではもっとも基本的な回路構成です．並列接続と直列接続を組み合わせることで，ブリッジ回路のような直並列回路を構成することができます．また，ブリッジ回路の応用として，検流計と組み合わせて未知の抵抗値を測定するホイートストンブリッジを構成することができます．

2.1 抵抗を並列接続してみよう

図 2.1 は二つの抵抗の直列接続と並列接続の例です．ab 間において，直列接続では抵抗は一直線上に隣接して置かれていますが，並列接続では分岐した各通路に一つずつ置かれています．この2種類の接続方法による違いは何でしょうか．

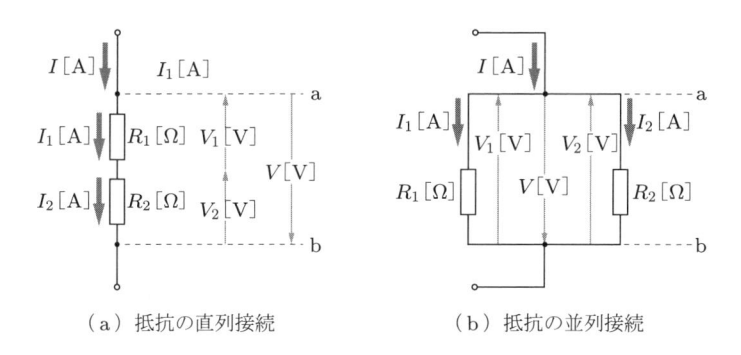

（a）抵抗の直列接続　　　　　（b）抵抗の並列接続

図 2.1　抵抗の直列接続と並列接続

図(a)のように，ab 間の抵抗 R_1 および R_2 を直列に接続した場合は電流 I の値は一定ですが，各抵抗における電圧降下 V_1 および V_2 はそれぞれの抵抗の大きさに依存し，異なる値をとります．

一方，図(b)のような並列接続では，電流 I は点 a で I_1 および I_2 に分流した後，点 b で合流してふたたび I となります．分流した電流のうち，R_1 を流れる電流を I_1，R_2 を流れる電流を I_2 と表すと，電流 I と I_1 および I_2 の関係は次式で表されます．

$$I = I_1 + I_2 \,[\mathrm{A}] \tag{2.1}$$

また，ab 間の電圧 $V\,[\mathrm{V}]$ は分岐による影響を受けません．すなわち，V は R_1 および R_2 における電圧降下 V_1 および V_2 と同じ値です．

抵抗の接続方法と電流・電圧の関係をまとめると，つぎのことがいえます．

◇ 抵抗が直列接続された回路において，電流は一定である
◇ 抵抗が並列接続された回路において，電圧は一定である

2.2 並列接続の合成抵抗を求めよう

図 2.2 (a) のように並列に接続された複数の抵抗から，合成抵抗 R_0 を求めるにはどうすればよいでしょうか．並列接続された抵抗は，図 2.1 (a) の直列接続のように一直線上に抵抗が並んではいませんので，単純に足し合わせることができません．

（a）並列接続された抵抗 R_1 と R_2　　　　（b）R_1 と R_2 の合成抵抗 R_0

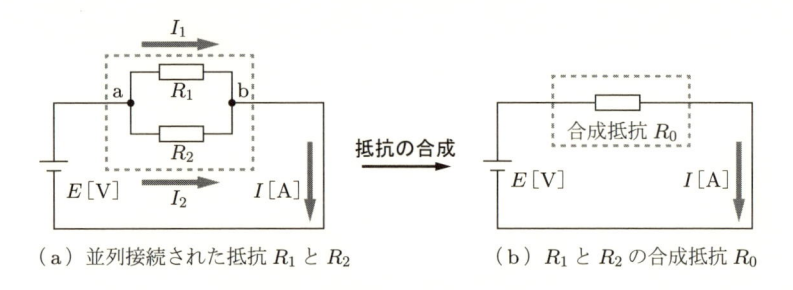

図 2.2　並列接続された抵抗の合成

並列接続の場合，電流 I は点 a で電流 I_1 および I_2 に分流し，それぞれ抵抗 R_1，R_2 を経て点 b で合流します．ab 間の抵抗 R_1 および R_2 の両端の電圧はそれぞれ電源電圧 E と等しいことから，式 (2.1) はつぎのように書き換えることができます．

$$I = \frac{E}{R_1} + \frac{E}{R_2} = E \times \left(\frac{1}{R_1} + \frac{1}{R_2} \right) [\mathrm{A}] \tag{2.2}$$

これより，

$$E = I \times \left(\frac{1}{\dfrac{1}{R_1} + \dfrac{1}{R_2}} \right) [\mathrm{V}] \tag{2.3}$$

となります．ここで，合成抵抗を R_0 とすると，オームの法則より $E = IR_0$ となりますので，式 (2.3) を見比べることで，合成抵抗は

$$R_0 = \frac{1}{\frac{1}{R_1} + \frac{1}{R_2}} \, [\Omega] \tag{2.4}$$

となります．

式 (2.4) は，1 章で紹介したコンダクタンス G [S] を用いて，つぎのように表すことができます．

$$G_0 = \frac{1}{R_0} = \frac{1}{R_1} + \frac{1}{R_2}$$
$$G_0 = G_1 + G_2 \, [\text{S}] \tag{2.5}$$

なお，抵抗が二つの場合に限り，式 (2.4) は次式の形で表すことができます．

$$R_0 = \frac{R_1 R_2}{R_1 + R_2} \, [\Omega] \quad (二つの抵抗の「和」分の「積」) \tag{2.6}$$

1 章で説明した抵抗の直列接続の場合と，上記の並列接続の場合の合成抵抗の求め方についてまとめると，つぎのようになります．

◇ 直列接続の合成抵抗を求めるには，各抵抗を足し合わせる
◇ 並列接続の合成抵抗を求めるには，各抵抗の逆数を足し合わせて，その逆数をとる

例題 2.1 図 2.3 の回路について，つぎの各問いに答えなさい．
(1) $R_1 = 2\,[\Omega]$，$R_2 = 3\,[\Omega]$ のときの合成抵抗 R_0 を求めなさい．
(2) $R_1 = 2\,[\Omega]$，$R_2 = 3\,[\Omega]$，$E = 6\,[\text{V}]$ のときの電流 I を求めなさい．

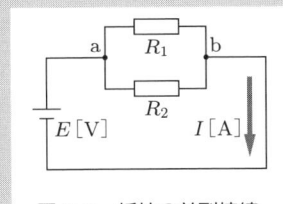

図 2.3 抵抗の並列接続

【答】
(1) $1.2\,[\Omega]$ (2) $5\,[\text{A}]$

【解説】
(1) 式 (2.4) より，合成抵抗は

$$R_0 = \frac{1}{\frac{1}{R_1} + \frac{1}{R_2}} = \frac{1}{\frac{1}{2} + \frac{1}{3}} = \frac{6}{5} = 1.2\,[\Omega]$$

となります．

（2）ab 間の電圧は $V_1 = V_2 = E = 6\,[\mathrm{V}]$ より，オームの法則を用いると

$$I_1 = \frac{V_1}{R_1} = \frac{6}{2} = 3\,[\mathrm{A}]$$
$$I_2 = \frac{V_2}{R_2} = \frac{6}{3} = 2\,[\mathrm{A}]$$
$$I = I_1 + I_2 = 3 + 2 = 5\,[\mathrm{A}]$$

となります．

または，問(1)の結果を用いて，

$$I = \frac{E}{R_0} = \frac{6}{1.2} = 5\,[\mathrm{A}]$$

となります．

2.3 直並列接続の合成抵抗を求めよう

抵抗の直列接続と並列接続が混在するとき，これを抵抗の直並列接続とよびます．一見複雑に見えますが，図 2.4 (a) に示すように区分けして考えれば，これまでに学んだ方法で合成抵抗を求めることができます．

（a）直並列接続された抵抗 $R_1 \sim R_3$

（b）$R_1 \sim R_3$ の合成抵抗 R_0

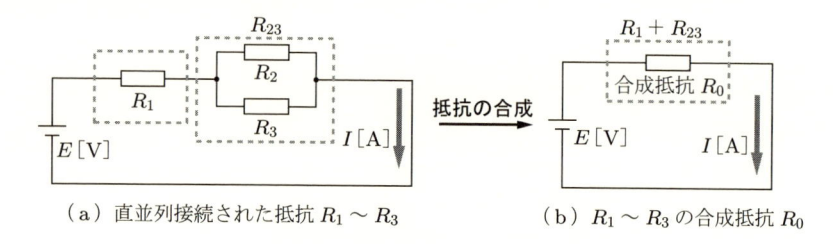

図 2.4　直並列接続された抵抗合成

式で説明しましょう．まず，R_2 と R_3 の並列接続の合成抵抗 R_{23} は，式 (2.6) より

$$R_{23} = \frac{R_2 R_3}{R_2 + R_3} \tag{2.7}$$

となります．つぎに，抵抗 R_1 と合成抵抗 R_{23} の直列接続の合成抵抗 R_0 は，式 (1.6) より，

$$R_0 = R_1 + R_{23} = R_1 + \frac{R_2 R_3}{R_2 + R_3} \tag{2.8}$$

となります．すなわち，まずは R_2 と R_3 の並列接続の合成抵抗 R_{23} を求め，つぎに，抵抗 R_1 と R_{23} の直列接続とみなせばよいのです．

> **例題 2.2** 図 2.4 (a) において，$R_1 = 3\,[\Omega]$，$R_2 = 4\,[\Omega]$，$R_3 = 4\,[\Omega]$ のときの合成抵抗 R_0 を求めなさい．

答
$5\,[\Omega]$

解説
まず，図(a)の三つの抵抗のうち，R_2 と R_3 の合成抵抗 R_{23} を求めます．

$$R_{23} = \frac{R_2 R_3}{R_2 + R_3} = \frac{16}{8} = 2\,[\Omega]$$

つぎに，R_1 と上記で求めた R_{23} の合成抵抗 R_0 を求めると，

$$R_0 = R_1 + R_{23} = 3 + 2 = 5\,[\Omega]$$

となります．

2.4 分流器と倍率器

抵抗接続を応用することで，電流計の測定範囲を拡大させる分流器や，電圧計の測定範囲を拡大させる倍率器を構成することができます．以下では，並列接続による分流器と，直列接続による倍率器について説明します．

(1) 分流器

直流電流を測定するには電流計を用います．電流計の許容電流を超える電流を測定するには，図 2.5 (a) のような**分流器**（シャント，shunt）を用います．分流器は抵抗の一種であり，直流電流計と並列に接続することで電流を分流させます．

図(b)に示すように，測定対象の電流を $I\,[\mathrm{A}]$，電流計内部の電流と抵抗（内部抵抗）

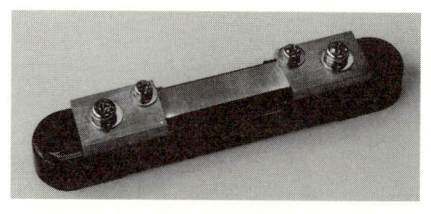

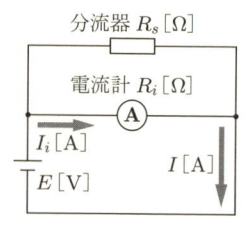

(a) 分流器　　　　　　　　(b) 分流器を接続した回路

図 2.5　電流計と分流器

をそれぞれ I_i [A] と R_i [Ω], 分流器の抵抗を R_s [Ω] としたときの I と I_i の関係は，つぎのように表されます．

$$I = I_i + \frac{E}{R_s} = I_i + \frac{I_i R_i}{R_s} = \left(1 + \frac{R_i}{R_s}\right) I_i = m I_i \,[\text{A}] \tag{2.9}$$

$$m = 1 + \frac{R_i}{R_s} \quad (\text{分流器の倍率}) \tag{2.10}$$

すなわち，電流計で I_i を測定して m 倍することで，電流計の許容電流を超える電流を測定することができるようになります．

例題 2.3　内部抵抗 0.02 [Ω] で，10 [A] まで測定できる電流計があるとき，0.01 [Ω] の分流器を用いることで，何 [A] まで測定可能であるか答えなさい．

【答】
30 [A]

【解説】
式 (2.9) より，

$$I = \left(1 + \frac{R_i}{R_s}\right) I_i = \left(1 + \frac{2 \times 10^{-2}}{1 \times 10^{-2}}\right) \times 10 = 30 \,[\text{A}]$$

となります．

(2) 倍率器

電圧計の測定範囲を広くするはたらきをもつ抵抗を，**倍率器**（マルチプライヤー，multiplier）とよびます（**図 2.6** (a)）．倍率器を電圧計と直列に接続することで，測定対象の電圧を分圧させます．

2.4 分流器と倍率器

(a) 倍率器 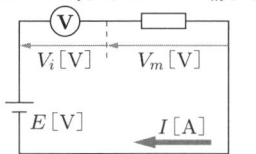　　(b) 倍率器を接続した回路

図 2.6　電圧計と倍率器

図(b)に示すように，測定する電圧を $E\,[\mathrm{V}]$，電圧計内部の電圧と抵抗（内部抵抗）をそれぞれ $V_i\,[\mathrm{V}]$ と $R_i\,[\Omega]$，倍率器の抵抗を $R_m\,[\Omega]$ としたときの E と V_i の関係は，つぎの式で表されます．

$$E = V_i + V_m = IR_i + IR_m = \frac{V_i}{R_i}(R_i + R_m)$$
$$= \left(1 + \frac{R_m}{R_i}\right)V_i = mV_i\,[\mathrm{V}] \tag{2.11}$$

$$m = 1 + \frac{R_m}{R_i} \quad \text{（倍率器の倍率）} \tag{2.12}$$

式 (2.11)，(2.12) より，電圧計で V_i を測定して m 倍することで，電圧計の許容電圧を超える電圧を測定することができます．

例題 2.4　内部抵抗 $20\,[\mathrm{k}\Omega]$ で，$100\,[\mathrm{V}]$ まで測定できる電圧計があるとき，$20\,[\mathrm{k}\Omega]$ の倍率器を用いることで，何 $[\mathrm{V}]$ まで測定可能であるか答えなさい．

答
$200\,[\mathrm{V}]$

解説
式 (2.11) より，

$$E = \left(1 + \frac{R_m}{R_i}\right)V_i = \left(1 + \frac{20 \times 10^3}{20 \times 10^3}\right) \times 100 = 200\,[\mathrm{V}]$$

となります．

2.5 検流計

検流計はその名のとおり電流を検知する計器です．図 2.7 (a)に示すように，メータのゼロ点が中央にあるのが特徴です（電流の大きさを測定する電流計のゼロ点は左端にあります）．針が中央にあるとき電流はゼロ，その左側にあるときはマイナス，右側にあるときはプラスの値を示します．回路図では，図(b)のようにⒼと表記します．

検流計は微小な電流を検知することができるため，わずかな電流の流れの有無や電流の向きを調べる用途に用いられます．

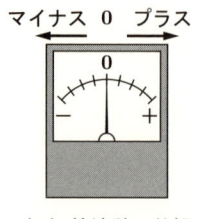

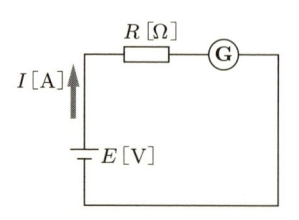

(a) 検流計の外観　　(b) 回路図での検流計の表記

図 2.7　検流計

2.6　ホイートストンブリッジ

図 2.8 (a)に示す回路の ac 間において，直列接続された 2 組の抵抗 R_1 と R_3，R_2 と R_4 が並列に接続され，R_1 と R_3 の間の点 b および R_2 と R_4 の間の点 d を橋渡し（ブリッジ）するように抵抗 R_5 が接続されています．このような回路を**ブリッジ回路**（bridge circuit）といいます．図(b)は，図(a)の ac 間をひし形状に書き換えたものです．

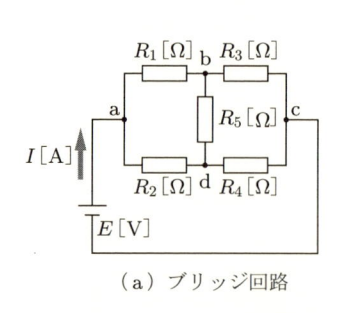

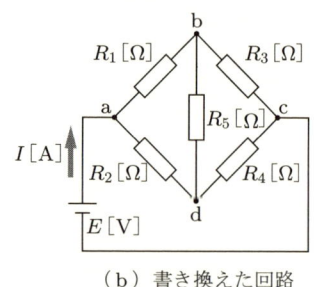

(a) ブリッジ回路　　(b) 書き換えた回路

図 2.8　ブリッジ回路

2.6 ホイートストンブリッジ

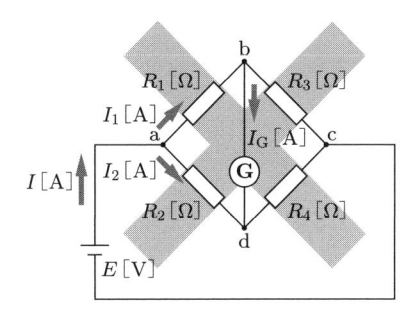

図 2.9 ホイートストンブリッジ

ブリッジ回路の応用で，図 2.9 のように四つの抵抗が四角形に接続され，対角線上に検流計（図中の bd 間における Ⓖ）が接続されているものを**ホイートストンブリッジ**（Wheatstone bridge）といいます．

bd 間の電位差がゼロとなるように抵抗 R_1〜R_4 の値を選ぶとき，bd 間の電流 I_G，つまり検流計の示す値は $0\,[\mathrm{A}]$ となります．この状態を「ブリッジが平衡状態にある」といいます．抵抗 R_1〜R_4 の端子電圧を V_1〜V_4 とするとき，ブリッジの平衡状態はつぎのように表されます．

$$I_G = 0\,[\mathrm{A}]$$
$$V_1 = V_2 \text{ より},\ I_1 R_1 = I_2 R_2 \quad ①$$
$$V_3 = V_4 \text{ より},\ I_1 R_3 = I_2 R_4 \quad ②$$

式②を式①に代入すると，

$$I_1 R_1 = \frac{I_1 R_3}{R_4} R_2$$

となります．これから，

$$R_1 = \frac{R_2 R_3}{R_4}$$
$$R_1 R_4 = R_2 R_3 \quad \text{（ブリッジの平衡条件）} \tag{2.13}$$

が得られます．

ブリッジの平衡条件の式では，図 2.9 の対辺上の抵抗 R_1 と R_4，R_2 と R_3 が「たすきがけ」の形（× 印）でかけ合わされています．ブリッジ上の四つの抵抗のうち三つが既知であれば，この条件式により残り一つの抵抗の値を求めることができます．

一般に，ホイートストンブリッジは三つの可変抵抗と値が未知の一つの固定抵抗により構成されます．そして，ブリッジが平衡状態をとるように三つの可変抵抗の値を調節し，ブリッジの平衡条件の式を用いて残り一つの抵抗値を算出します．このように，未知の抵抗値を計算によって求めることができます．

例題 2.5 図 2.9 のホイートストンブリッジにおいて，$R_1 = 5\,[\Omega]$, $R_2 = 8\,[\Omega]$, $R_3 = 5\,[\Omega]$ のとき，$R_4\,[\Omega]$ の値を求めなさい．

答
$8\,[\Omega]$

解説
式 (2.13) のブリッジの平衡条件より，

$$R_4 = \frac{R_2 R_3}{R_1} = \frac{8 \times 5}{5} = 8\,[\Omega]$$

となります．

●●● 演習問題 ●●●

2.1 つぎの (1)〜(4) の各式は，図 2.10 (a) に示す直列回路，または図 (b) に示す並列回路上の ab 間の抵抗 R_1 および R_2 における電流 I_1, I_2 と電圧降下 V_1, V_2 について表したものである．それぞれの式に当てはまる回路を (a) または (b) で答えなさい．
 (1) $E = V_1 = V_2$
 (2) $E = V_1 + V_2$
 (3) $I = I_1 = I_2$
 (4) $I = I_1 + I_2$

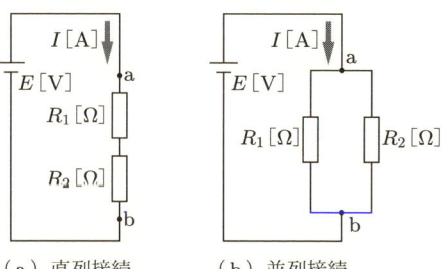

(a) 直列接続　　(b) 並列接続

図 2.10 抵抗の直列接続回路と並列接続回路

2.2 図 2.11 の回路について，つぎの各問いに答えなさい．
 (1) 図(a)の電源電圧 E の値を求めなさい．
 (2) 図(b)の抵抗 R_1 の値を求めなさい．

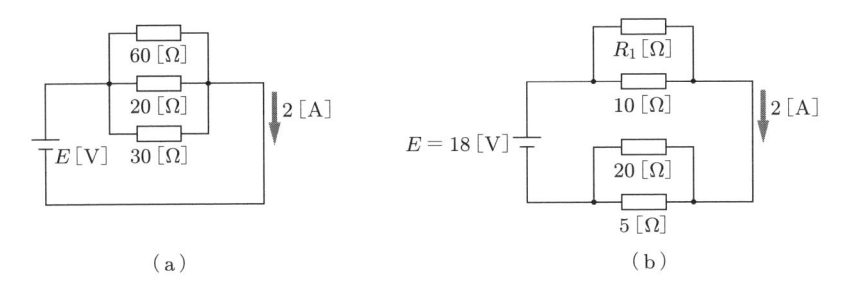

図 2.11 抵抗の並列接続回路

2.3 図 2.12 の回路において，つぎの各問いに答えなさい．
 (1) 図(a)の回路全体の合成抵抗 R_0 の値を求めなさい．
 (2) 図(b)の抵抗 R_1 の値を求めなさい．

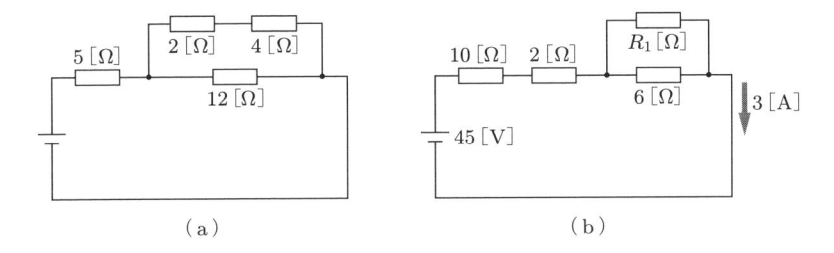

図 2.12 抵抗の直並列接続回路

2.4 内部抵抗が $0.5\,[\Omega]$ で，$10\,[A]$ まで測定できる電流計があるとき，$0.25\,[\Omega]$ の分流器を用いることで，何 [A] まで測定可能であるか答えなさい．また，このときの分流器の倍率 m の値を求めなさい．

2.5 内部抵抗が $10\,[k\Omega]$ で，$150\,[V]$ まで測定できる電圧計があるとき，$10\,[k\Omega]$ の倍率器を用いることで，何 [V] まで測定可能であるか答えなさい．また，このときの倍率器の倍率 m の値を求めなさい．

2.6 図 2.13 の回路において，いずれも $I_G = 0\,[A]$ である．つぎの各問いに答えなさい．
 (1) 図(a)の電流 I および抵抗 R_1 の値を求めなさい．
 (2) 図(b)の抵抗 R_2 の値を求めなさい．

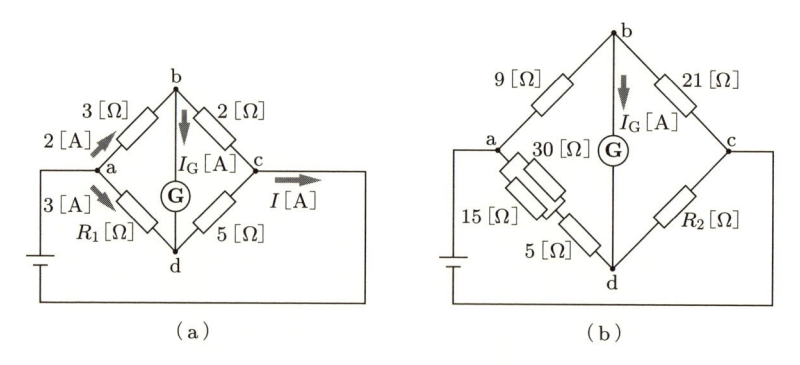

図 2.13　ホイートストンブリッジ

3章 電気回路の基本法則を学ぼう

電気回路の基本法則に，キルヒホッフの法則があります．キルヒホッフの第1法則は電流に関する法則であり，第2法則は電圧に関する法則です．前章までに学んだオームの法則や電圧降下，抵抗の並列接続についての知識と，本章で学ぶ二つの法則を合わせて用いることで，複雑な回路における電流の大きさと向きを求めることができます．

3.1 キルヒホッフの第1法則

図 3.1 (a) の回路では，二つの抵抗が並列に接続されています．2 章で学んだとおり，ab 間の電圧 V は一定，電流は I_1 と I_2 に分流します．すなわち，点 a においてつぎの式が成り立ちます．

$$I = I_1 + I_2 \, [\text{A}] \tag{3.1}$$

式 (3.1) を書き換えると，つぎのようになります．

$$I - I_1 - I_2 = 0 \, [\text{A}] \tag{3.2}$$

上記をまとめると，以下のことがいえます．

◇ 回路上のある1点に流れ込む電流の総和と流れ出す電流の総和は等しい
◇ 回路上のある1点における電流の出入りの総和はゼロに等しい

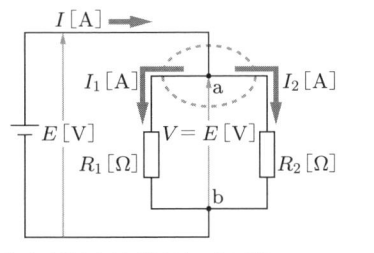

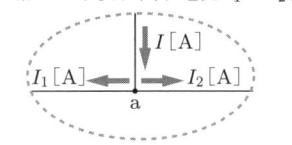

（a）抵抗を並列接続した回路　　（b）点 a における電流の出入り

図 3.1　キルヒホッフの第1法則

これらを**キルヒホッフの第1法則**（Kirchhoff's first law）といいます．図(b)の例では，点aが「回路上のある1点」に相当します．

> **例題 3.1** 図 3.1 (b)において，$I = 3\,[\text{A}]$，$I_1 = 2\,[\text{A}]$ のとき，I_2 は何 [A] となるか答えなさい．

答

$1\,[\text{A}]$

解説

キルヒホッフの第1法則より，

$$I = I_1 + I_2\,[\text{A}]$$

となるので，

$$I_2 = I - I_1 = 3 - 2 = 1\,[\text{A}]$$

となります．

3.2 キルヒホッフの第2法則

図 3.2 (a)に示すような閉じた回路を「閉路」といいます．**キルヒホッフの第2法則**（Kirchhoff's second law）は，この閉路における電圧についての法則です．

図(a)の閉路を，ある任意の点から1方向にたどってみます．ただし，任意に決定した閉路をたどる方向と，その経路上の起電力の方向が逆の場合，その起電力は負の値

（a）閉路　　　　　　　　　　（b）閉路における電位差の総和

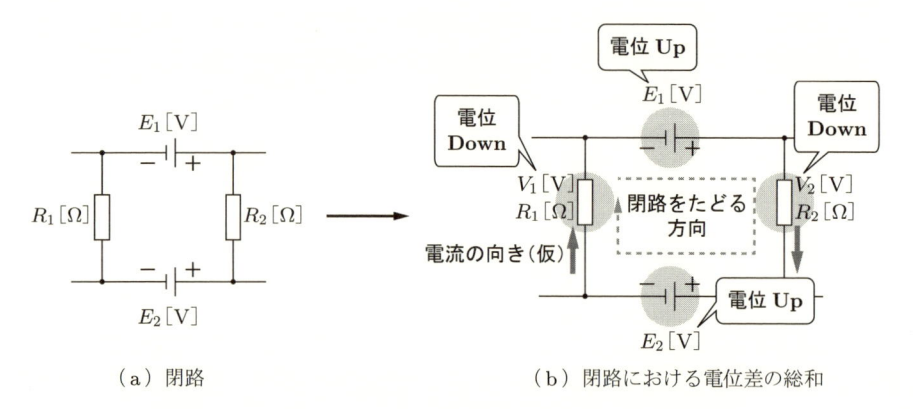

図 3.2　閉路をたどる方向と各抵抗における電流の向きの仮定

をとることとします．

　実際にたどってみると，図(b)に示すように，どの位置からたどり始めても，途中にある電源の起電力や抵抗の電圧降下による電位の上下（UpまたはDown）を経て，ふたたび出発点に戻ったときの電位は同じ値になっているはずです．このように，たどる経路上にあるすべての電位差の総和は$0\,[\mathrm{V}]$となります．つまり，

　　◇ 閉路上の起電力（電位 Up）の和は電圧降下（電位 Down）の和に等しい

ということができます．

　図(b)において，R_1における電圧降下をV_1，R_2における電圧降下をV_2とすると，つぎの式が成り立ちます．ただし，図のように，閉路をたどる方向は右回りとしています．

$$E_1 + (-E_2) = V_1 + V_2\,[\mathrm{V}] \tag{3.3}$$

式(3.3)を書き換えると，つぎのようになります．

$$E_1 + (-E_2) - V_1 - V_2 = 0\,[\mathrm{V}] \tag{3.4}$$

上記をまとめると，以下のことがいえます．

　　◇ 回路上のある閉路を1方向にたどったときの起電力の総和と電圧降下の総和は等しい
　　◇ 回路上のある閉路を1方向にたどったときの起電力と電圧降下の総和はゼロに等しい

これらを**キルヒホッフの第2法則**といいます．

　また，オームの法則より，式(3.3)はつぎのように書き換えられます．

$$E_1 + (-E_2) = I_1 R_1 + I_2 R_2\,[\mathrm{V}] \tag{3.5}$$

式(3.5)を書き換えると，つぎのようになります．

$$E_1 + (-E_2) - I_1 R_1 - I_2 R_2 = 0\,[\mathrm{V}] \tag{3.6}$$

　式(3.6)において，閉路上の各抵抗R_1，R_2を流れる電流I_1，I_2の向きをあらかじめ仮に設定しておきます．ただし，仮に設定した電流の向きが閉路をたどる方向と逆のとき，電流I_1，I_2は負の値をとることとします．

閉路をたどる方向は任意に決めるものであり，電流の向きはこれに対して相対的に設定するため，実際の向きと異なる場合があります．このことは，式 (3.5) により得られた電流の符号により確認することができます．マイナスの値が得られた場合は，符号を反転させたものを最終的な電流の値とします．

> **例題 3.2** 図 3.2 (b) の回路において，$E_1 = 20\,[\mathrm{V}]$, $E_2 = 8\,[\mathrm{V}]$, $R_1 = 4\,[\Omega]$, $R_2 = 8\,[\Omega]$ のとき，電流 I および電圧降下 V_1, V_2 の値を求めなさい．

答
$I = 1\,[\mathrm{A}]$, $V_1 = 4\,[\mathrm{V}]$, $V_2 = 8\,[\mathrm{V}]$

解説
オームの法則より，

$$V_1 = IR_1, \quad V_2 = IR_2$$

が成り立ちます．図 (b) のように閉路をたどるとき，式 (3.5) より，

$$20 + (-8) = (I \times 4) + (I \times 8)$$

となります．これにより，$I = 1\,[\mathrm{A}]$ となります．
したがって，

$$V_1 = IR_1 = 1 \times 4 = 4\,[\mathrm{V}]$$
$$V_2 = IR_2 = 1 \times 8 = 8\,[\mathrm{V}]$$

が得られます．

3.3 複雑な回路網の計算をしてみよう

キルヒホッフの第 1 法則および第 2 法則を組み合わせることにより，複雑な回路網における電流の値を計算することができます．この手順は複雑なため，以下では**図 3.3** の回路を例にとって説明します．

はじめに，注目する閉路と，たどる方向を決めます．ただし，電流を求めたい抵抗すべてが含まれるような経路を決めます．図の回路では，左右の閉路を①と②の経路によりたどることとします．このほか，二つの閉路を合わせて一つの閉路とみなした③の経路によりたどることも可能です．また，たどる方向は逆でもかまいません．

つぎに，抵抗 R_1, R_2, R_3 に流れる電流を I_1, I_2, I_3 とし，それぞれ向きを仮に

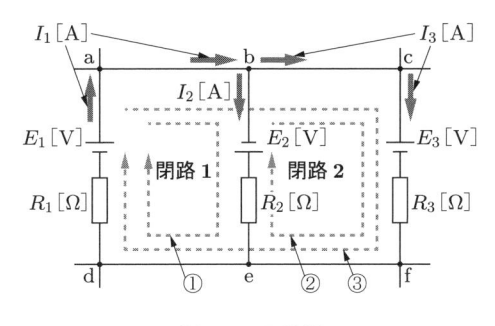

図 3.3 回路網

設定しておきます．図では，I_1 は上向きに，I_2 と I_3 は下向きに設定しています．この電流の向きが閉路をたどる方向と逆向きである場合，式 (3.6) における電流の符号はマイナスとなります．

これで準備は完了です．ここから先はキルヒホッフの第 1 法則および第 2 法則を用いて，連立方程式を立てて解いていきます．

まず，キルヒホッフの第 1 法則を用いて，電流 I_1, I_2, I_3 についての式を立てます．式 (3.2) より，点 b における電流 I_1, I_2, I_3 の総和は 0 [A] です（逆向きの電流にはマイナスの符号がつきます）．なお，ここでは閉路 1，2 についてのみ注目し，点 a，c，d，f における電流の閉路内への流入，および閉路外への流出については考慮しません．

キルヒホッフの第 1 法則を用いて，点 b について立てた式はつぎのようになります．

$$I_1 - I_2 - I_3 = 0 \, [\mathrm{A}] \tag{3.7}$$

つぎに，キルヒホッフの第 2 法則を用いて，経路①について式を立てるとつぎのようになります．

$$E_1 + E_2 = I_1 R_1 + I_2 R_2 \, [\mathrm{V}] \tag{3.8}$$

同様に，経路②についてもつぎのように式を立てます．

$$-E_2 - E_3 = -I_2 R_2 + I_3 R_3 \, [\mathrm{V}] \tag{3.9}$$

E_2, E_3, I_2 にマイナスの符号がついているのは，起電力の向きや仮に設定した電流の向きが経路②をたどる向きと逆であるからです．

このようにして得られた式 (3.7)〜(3.9) により，電流 I_1, I_2, I_3 の値を求めます．具体的には，例題を解きながら説明していきます．

> **例題 3.3** 図 3.3 において，$E_1 = 4\,[\text{V}]$, $E_2 = 6\,[\text{V}]$, $E_3 = 3\,[\text{V}]$, $R_1 = 8\,[\Omega]$, $R_2 = 2\,[\Omega]$, $R_3 = 4\,[\Omega]$ のとき，各抵抗に流れる電流の値を求めなさい．

答

$I_1 = 0.75\,[\text{A}], \quad I_2 = 2\,[\text{A}], \quad I_3 = 1.25\,[\text{A}]$

解説

経路①について，式 (3.8) より，

$$4 + 6 = 8I_1 + 2I_2$$
$$4I_1 + I_2 = 5 \qquad ①$$

となり，閉路②について，式 (3.9) より，

$$-6 - 3 = -2I_2 + 4I_3$$
$$-2I_2 + 4I_3 = -9 \qquad ②$$

となります．

つぎに，式 (3.7) を式②に代入すると

$$-2I_2 + 4(I_1 - I_2) = -9$$
$$4I_1 - 6I_2 = -9 \qquad ③$$

となり，式①，③より，

$$I_2 = 2\,[\text{A}] \qquad ④$$

が得られます．

また，式①，④より，

$$I_1 = 0.75\,[\text{A}] \qquad ⑤$$

が得られます．

最後に，式 (3.7) と式④，⑤より，

$$I_3 = -1.25\,[\text{A}] \qquad ⑥$$

が得られます．I_1 と I_2 はプラスの値なので，仮定した向きと同じ方向に電流が流れており，I_3 はマイナスの値なので，仮定した向きと逆向きに電流が流れていることがわかります．

●●● 演習問題 ●●●

3.1 図 3.4 に示す二つの回路 (1) および (2) における電流 I_1 および I_2 を求めなさい．

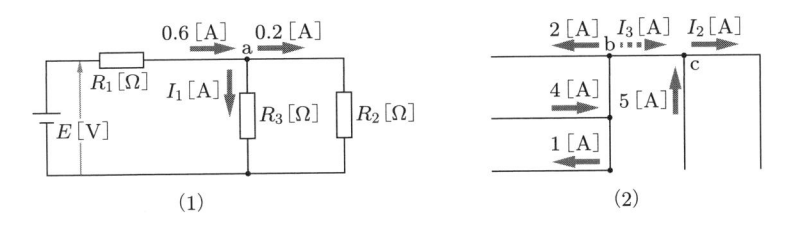

図 3.4 回路と電流

3.2 図 3.5 の回路において，電流 I_1 [A]，I_2 [A]，I_3 [A] を求めなさい．

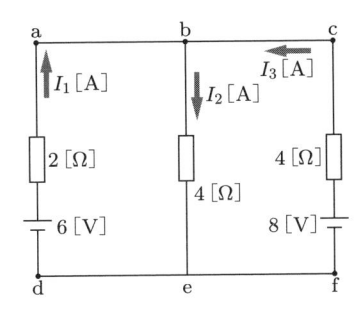

図 3.5 回路網

4章 電気のもつエネルギーとは

電気ケトルでお湯を沸かすことができるように，電気から熱を発生させることができます．そのほかにも，電気によりモータを回したり，ランプを点灯させたりでき，それにより電気は消費されます．本章では，電気により発生する熱エネルギーと，消費される電気エネルギーについて説明します．

4.1 電気により発生する熱エネルギー

抵抗（電熱線）に電流が流れると熱が発生します（図 4.1 (a)）．身近な例として，電気ストーブや電気ケトル（やかん）などはこの性質を応用したものです（図(b)）．このような抵抗の発熱作用について，イギリスの物理学者ジュール（J. P. Joule）は

◇ 電流によって毎秒発生する熱量は，電流の 2 乗と抵抗の積に比例する

という法則を発見しました．この法則を**ジュールの法則**（Joule's law）といいます．また，発生した熱エネルギーを**ジュール熱**とよびます．ジュール熱は記号 H で表され，単位には**ジュール**（joule，記号 J）が用いられます．

ジュールの法則は次式で表されます．

$$H = I^2 R t \,[\mathrm{J}] \tag{4.1}$$

ここで，$t\,[\mathrm{s}]$ は時間（秒）を表します．式 (4.1) は，オームの法則を用いて，式 (4.2) または式 (4.3) のように書き換えることができます．

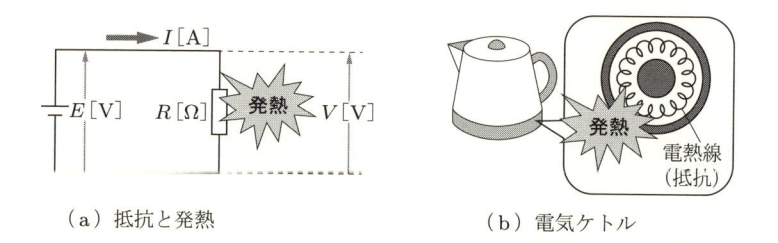

(a) 抵抗と発熱　　(b) 電気ケトル

図 4.1　抵抗の発熱作用

$$H = VIt \, [\text{J}] \tag{4.2}$$

$$H = \frac{V^2}{R} t \, [\text{J}] \tag{4.3}$$

また,熱量の単位にもジュール(J)が使われます.1 [g] の水の温度を 1 [°C] 上昇させる熱量は約 4.2 [J] です.

> **例題 4.1** ある電熱線に 10 [V] の電圧を 1 分間かけたとき,2 [A] の電流が流れた.このとき発生した熱エネルギー H [J] を求めなさい.

答

$H = 1200 \, [\text{J}]$

解説

1 分間は 60 秒なので,式 (4.2) より,

$$H = 10 \times 2 \times 60 = 1200 \, [\text{J}]$$

となります.

4.2 電気エネルギーの消費と電力

電気エネルギーは,光や熱,動力など,さまざまな用途に使われています.このように,電気を利用して行われる仕事のことを電力量といいます.これに対し,1 秒間あたりに行われる仕事のことを電力といいます.

(1) 電力

電力(power)とは,電気の単位時間あたりの仕事の量,つまり仕事の効率を表す量です.ここで,単位時間は 1 秒間とします.電力は記号 P で表され,単位には**ワット**(watt,記号 W)が用いられます.

電力は次式で表され,電圧 V と電流 I の積により求められます.

$$P = VI \, [\text{W}] \tag{4.4}$$

式 (4.4) は,オームの法則を用いて,つぎのように書き換えることができます.

$$P = VI = I^2 R = \frac{V^2}{R} \, [\text{W}] \tag{4.5}$$

> **例題 4.2** 電気ポットの裏側に「定格消費電力 1250 W，定格電圧 100 V」と書かれていた．この電気ポットを使用するときに流れる電流は何 [A] となるか答えなさい．

答
12.5 [A]

解説
式 (4.4) より，

$$1250 = 100 \times I \,[\text{W}]$$

となります．したがって，

$$I = 12.5 \,[\text{A}]$$

となります．

(2) 電力量

電力量とは，

$$電力 \times 時間 = 電力量（消費されたエネルギー）$$

を指します．電力量は記号 W で表され，単位には**ワット・セカンド**（watt second，記号 W·s）が用いられます．また，電力の単位をワット・アワー（watt hour，記号 W·h）や，接頭語を用いてキロワット・アワー（記号 kW·h）で表すことがあります．電力量は，つぎのように表すことができます．

$$W = Pt = VIt \,[\text{W·s}] \tag{4.6}$$

式 (4.6) と式 (4.2) の右辺はまったく同じです．電圧 V をかけることで電流 I が流れたときの，t 秒間の抵抗 R のはたらきについて，熱量として表したものが式 (4.2)，仕事量として表したものが式 (4.6) です．このため，式 (4.6) は，式 (4.2) と同じ表記となり，ジュールを用いることができます．

$$W = Pt = VIt \,[\text{J}] \tag{4.7}$$

> **例題 4.3** 100 [W] の電球 2 個を 30 分使ったときの電力量は何 [kW·h] となるか答えなさい．

答
0.1 [kW·h]

解説
30 分を時間 [h] に換算すると 0.5 [h] となります．$P = 100$ [W] なので，式 (4.7) より，

$$W = 100 \times 0.5 \times 2 = 100 \,[\text{W·h}]$$

となります．[W] を [kW] に換算すると，

$$\begin{aligned} W &= 0.1 \times 10^3 \,[\text{W·h}] \\ &= 0.1 \,[\text{kW·h}] \end{aligned}$$

となります．

4.3 熱により発生する電気エネルギー

電気エネルギーからジュール熱のように熱が発生しますが，逆に，熱によっても電気エネルギーが発生します．これを応用したものに，ゼーベック効果があります．

ゼーベック効果 (Seebeck effect) とは，ドイツの物理学者ゼーベック (T. J. Seebeck) により発見された熱起電力効果をいいます．ゼーベック効果を観測するには，はじめに，図 **4.2** に示すように異なる 2 種類の金属でできた導線をループ状に接合します．つぎに，2 箇所の接合部分をそれぞれ異なる温度（T [℃] および T' [℃]）に保つと，接合部に起電力（熱起電力）E [V] が生まれ，導線に電流 I [A] が流れます．この電流を熱電流といいます．このように，熱起電力が生じるような 2 種類の金属の対を熱電

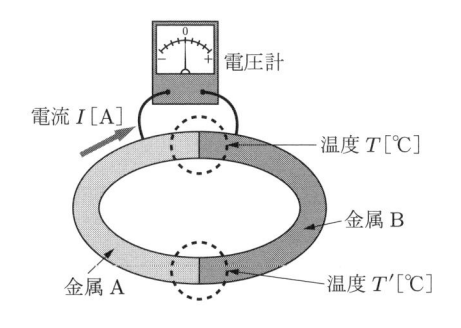

図 **4.2** 熱電対

対とよびます.

熱起電力 E は，熱電対の二つの接合点の温度差 $\Delta T(=T-T')$ に比例します.

$$E = \alpha \Delta T \, [\text{V}] \tag{4.8}$$

ここで，比例係数 α を**ゼーベック係数**といいます.

ゼーベック効果の応用例として，図 4.3 (a) に示す熱電対温度計があります．熱電対温度計は，二つの接合点の片方（冷接点）の温度 $T_l\,[℃]$ を低温に保ち，もう片方（温接点）の接合点を測定対象とする場所へ挿入して使用します．温接点の温度を $T_h\,[℃]$ とします．

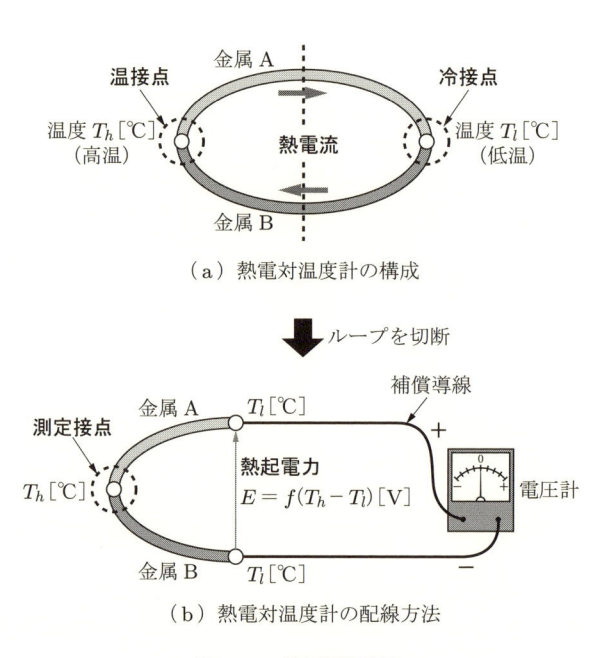

(a) 熱電対温度計の構成

(b) 熱電対温度計の配線方法

図 4.3 熱電対温度計

このとき，図(a)に示すようにループを切断すると，図(b)に示すように，切断された2点間に熱起電力が生じます．このときの起電力 $E\,[\text{V}]$ は，次式に示すように，冷接点および温接点の温度差 $T_h - T_l$ により求められます．

$$E = f(T_h - T_l) \tag{4.9}$$

導線に接続された電圧計によりこの熱起電力を測定することで，二つの接合点の温度差 $\Delta T(=T_h-T_l)\,[℃]$ がわかります．冷接点の温度が $T_l = 0\,[℃]$ に固定されてい

ば，測定したい温度は $T_h = \Delta T\,[°\mathrm{C}]$ として求められます．

　実際に熱電対で温度を測定する場合には，図(b)に示すように，熱電対に電圧計を直接接続せずに，補償導線を介して接続するのが一般的です．これは，熱電対そのものが非常に小さくて長さも短いので，測定器に直接接続して測定を行うことがむずかしいためです．なお，熱電対には極性があるため注意が必要です．

●●● 演習問題 ●●●

4.1 図4.4の回路について，つぎの各問いに答えなさい．
　（1）$E = 3\,[\mathrm{V}]$，$I = 5\,[\mathrm{A}]$ のときの消費電力 P を求めなさい．
　（2）$I = 3\,[\mathrm{A}]$，$R = 10\,[\Omega]$ のときの消費電力 P を求めなさい．
　（3）$E = 2\,[\mathrm{V}]$，$R = 10\,[\Omega]$ のときの消費電力 P を求めなさい．

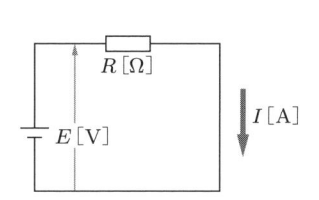

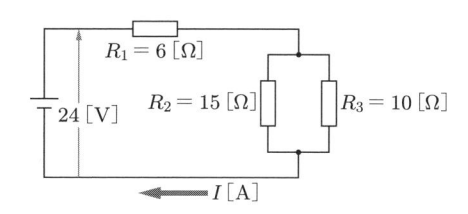

図 4.4　一つの抵抗が接続された回路　　　図 4.5　複数の抵抗が接続された回路

4.2 図4.5の回路全体の電流 I および各抵抗の消費電力 P_1, P_2, P_3 を求めなさい．
4.3 $30\,[\Omega]$ の抵抗に $5\,[\mathrm{V}]$ の電圧を3分間加えたときの電力量を求めなさい．
4.4 $1200\,[\mathrm{W}]$ のドライヤーを毎日0.5時間ずつ3日間使用したときの電力量 $W\,[\mathrm{kJ}]$ を求めなさい．
4.5 $1\,[\mathrm{kW}]$ の電磁調理器を毎日2時間ずつ30日間使用したときの電気料金（電力量料金）はいくらか．ただし，電気料金は $1\,[\mathrm{kW \cdot h}]$ あたり24.6円とする．

5章　電気抵抗とは

抵抗にはさまざまな値をとるものがあります．この違いは何によって生まれるのでしょうか．抵抗の値は，その形状（長さや断面積）により変化します．同じ形状の抵抗でも，その材質により，また，周辺の温度変化に応じて抵抗値が変化します．本章では，抵抗の値を決める際の基準となる抵抗率，導電率，そして抵抗の温度係数について説明します．

5.1 抵抗率

電気回路上の抵抗を電流が流れるとき，その抵抗のもつ値（抵抗値）の大きさに対応して，電流の流れが妨げられます．抵抗の形状と抵抗値には，つぎの関係が成り立ちます．

◇ **抵抗値の大きさは抵抗の長さに比例し，その断面積に反比例する**

抵抗の形状と抵抗の大きさの関係について説明しましょう（図 5.1）．図(b)のように，抵抗の断面積が大きくなると，抵抗内を同時に流れる電流の総量は増加するため，結果的に，図(a)に比べて抵抗値は小さくなります．これに対し，図(c)のように抵抗の長さが長くなると，電流の流れにくい区間が長くなるため，結果的に，図(a)に比べて抵抗値は大きくなります．

また，電気を流しやすい物質や流しにくい物質があるように，抵抗の形状が同じでも，抵

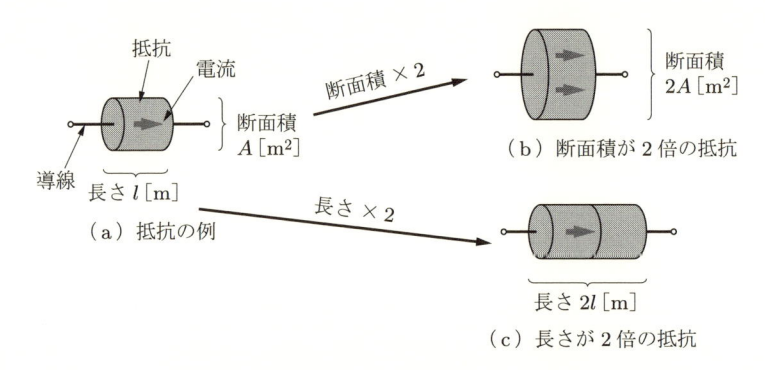

図 5.1　抵抗の形状と抵抗値の大きさの関係

抗の材質が違えば抵抗値は異なります．この材質の違いを表すのが**抵抗率**（resistivity）です．抵抗率は記号 $\overset{ロー}{\rho}$ で表され，単位には**オーム・メートル**（ohm meter，記号 $\Omega \cdot m$）が用いられます．抵抗率は長さ $1\,[m]$，断面積 $1\,[m^2]$ のときの抵抗値であり，長さ $l\,[m]$，断面積 $A\,[m^2]$ のときの抵抗 R は次式で表されます．

$$R = \rho \frac{l}{A}\,[\Omega] \tag{5.1}$$

この式は，上で述べた「抵抗値 R の大きさは抵抗の長さ l に比例し，その断面積 A に反比例する」ことを表しています．

主な金属の抵抗率を**表 5.1** に示します．

表 5.1 主な金属の抵抗率

金属	抵抗率 $\rho\,[\Omega \cdot m]\,(\times 10^{-8})$	
	$0\,[℃]$	$100\,[℃]$
銀	1.47	2.08
銅	1.55	2.23
金	2.05	2.88
アルミニウム	2.50	3.55
亜鉛	5.50	7.8
鉄（純）	8.90	14.7
白金	9.81	13.6
ニクロム	107.30	108.3

（出典：理科年表 2014 年版）

例題 5.1　（1）式 (5.1) を用いて，長さ l が 2 倍になったときの抵抗値 R_a と，断面積 A が $1/2$ になったときの抵抗値 R_b の値を比較しなさい．
（2）ある導線の断面の直径が $2\,[mm]$ であったとする．この直径が $4\,[mm]$ になると抵抗値は何倍になるか答えなさい．

答
（1）R_a と R_b は等しい．　（2）$1/4$ 倍

解説
（1）式 (5.1) より，長さが 2 倍になったときの抵抗値 R_a は

$$R_a = \rho \frac{2l}{A} \quad ①$$

となり，断面積が $1/2$ になったときの抵抗値 R_b は

$$R_b = \rho \frac{l}{A \times 1/2} = \rho \frac{2l}{A} \qquad ②$$

となります.
　したがって,式①,②より,

$$R_a = R_b$$

となります.
(2) 直径が 2 [mm] の導線の断面積 A は

$$A = 半径 \times 半径 \times \pi$$
$$= 1 \times 1 \times \pi = \pi \, [\text{mm}^2]$$

となるので,[m^2] に換算すると

$$A = \pi \times (10^{-3})^2 = \pi \times 10^{-6} \, [\text{m}^2]$$

となります.したがって,式 (5.1) より,直径 2 [mm] のときの抵抗値 R_a は,導線の長さを l とすると,

$$R_a = \rho \frac{l}{\pi \times 10^{-6}} \, [\Omega] \qquad ③$$

となります.
　また,直径 4 [mm] の導線の断面積 A は

$$A = 2 \times 2 \times \pi = 4\pi \, [\text{mm}^2]$$

となるので,[m^2] に換算すると

$$A = 4\pi \times 10^{-6} \, [\text{m}^2]$$

となります.したがって,式 (5.1) より,直径が 2 倍になったときの抵抗値 R_b は

$$R_b = \rho \frac{l}{4\pi \times 10^{-6}} \, [\Omega] \qquad ④$$

となります.
　式③,④より,

$$R_b = \frac{1}{4} R_a$$

となります.

5.2　導電率

抵抗率が電流の流れにくさを表す指標であるのに対し，抵抗率の逆数は**導電率**とよばれ，導線などの電流の流れやすさを表す指標として用いられます．導電率は記号 $\overset{シグマ}{\sigma}$ で表され，単位には**ジーメンス毎メートル**（siemens per meter，記号 S/m）が用いられます．

抵抗率と導電率の関係は，次式により表されます．

$$\sigma = \frac{1}{\rho} \,[\text{S/m}] \tag{5.2}$$

例題 5.2　表 5.1 を用いて，$0\,[°\text{C}]$ のときの銅の導電率を求めなさい．

答

$6.5 \times 10^7 \,[\text{S/m}]$

解説

表より，$0\,[°\text{C}]$ のときの銅の抵抗率は $\rho = 1.55 \times 10^{-8} \,[\Omega\cdot\text{m}]$ であることがわかります．したがって，式 (5.2) より，

$$\sigma = \frac{1}{\rho} = \frac{1}{1.55 \times 10^{-8}} = 6.5 \times 10^7 \,[\text{S/m}]$$

となります．

5.3　温度による抵抗値の変化

抵抗値は温度によっても変化します．抵抗の温度が $1\,[°\text{C}]$ 上昇したときの抵抗値の変化の割合を，**抵抗の温度係数**とよびます．温度係数は記号 $\overset{アルファ}{\alpha}$，単位 $[°\text{C}^{-1}]$ で表されます．ある温度 $t\,[°\text{C}]$ のときの抵抗の値を $R_t\,[\Omega]$ とし，温度が $T\,[°\text{C}]$ のときの抵抗の値を $R_T\,[\Omega]$ とすると，温度係数 α と $R_T\,[\Omega]$ は次式により求められます．

$$\alpha = \frac{R_T - R_t}{R_t} \times \frac{1}{T - t} \,[°\text{C}^{-1}] \tag{5.3}$$

$$R_T = R_t + R_t \alpha (T - t) \,[\Omega] \tag{5.4}$$

温度係数は抵抗の温度により異なる値をとるため，温度を添字に加えて表記されることもあります．たとえば，$t\,[°\text{C}]$ における温度係数は $\alpha_t\,[°\text{C}^{-1}]$ のように表されます．

表5.2 に，主な金属の 0～100 [°C] 間の平均温度係数 $\alpha_{0,100}$ を示します．平均温度係数 $\alpha_{0,100}$ は，表 5.1 における 0 [°C] のときの抵抗率 ρ_0 と 100 [°C] のときの抵抗率 ρ_{100} から，次式により求められます．

$$\alpha_{0,100} = \frac{\rho_{100} - \rho_0}{\rho_0 \times 100} \tag{5.5}$$

表 5.2　主な金属の平均温度係数 $\alpha_{0,100}$

金属	平均温度係数 $\alpha_{0,100}$ [°C^{-1}]($\times 10^{-3}$)
銀	4.2
銅	4.4
金	4.1
アルミニウム	4.2
亜鉛	4.2
鉄（純）	6.5
白金	3.9
ニクロム	0.1

（出典：理科年表 2014 年版）

例題 5.3　15 [°C] のときに 4 [Ω] の抵抗がある．温度係数が $\alpha = 6.5 \times 10^{-3}$ [°C^{-1}] であるとすると，25 [°C] のときの抵抗は何 [Ω] となるか答えなさい．

答
4.26 [Ω]

解説
式 (5.4) より，

$$\begin{aligned} R_{25} &= 4 + 4 \times (6.5 \times 10^{-3}) \times (25 - 15) \\ &= 4 + 26 \times 10^{-3} \times 10 \\ &= 4.26\,[\Omega] \end{aligned}$$

となります．

●●● 演習問題 ●●●

5.1 直径 $0.4\,[\text{mm}]$，長さ $4\,[\text{m}]$ の導線の抵抗 $R\,[\Omega]$ を求めなさい．ただし，この導線の抵抗率 ρ は $1.55 \times 10^{-8}\,[\Omega\cdot\text{m}]$ とする．

5.2 直径 $2\,[\text{mm}]$，長さ $10\,[\text{m}]$ の導線の抵抗値が $0.8\,[\Omega]$ であった．この抵抗の導電率 σ を求めなさい．

5.3 $20\,[^\circ\text{C}]$ のとき $100\,[\Omega]$ の抵抗がある．温度係数が $\alpha = 4.4 \times 10^{-3}\,[^\circ\text{C}^{-1}]$ であるとすると，温度が $5\,[^\circ\text{C}]$ 上昇したときの抵抗は何 $[\Omega]$ となるか答えなさい．

6章 磁石のもつ性質とは

磁石はたがいに反発したり引き合ったり，鉄を引きつけるなどの性質をもっています．また，磁石ではなくても，導線に電流を流すことで磁石と同様のはたらきが得られ，これらは電磁石や電磁リレー，リニアモーターカーなどに応用されています．本章では，このような磁石の性質について説明します．

6.1 磁石と磁気

磁石は鉄片を引き付ける性質をもっています．このような性質を**磁性**といいます．また，磁性のもとになるものを**磁気**といいます．磁石の両端は鉄片を引き付ける力が強く，その両端を**磁極** (magnetic pole) といいます．磁石はN極とS極の二つの磁極から構成されます．

磁石どうしを近づけたときは，つぎのような現象が現れます（図 6.1）．N極とS極，すなわち異種の磁極の間には吸引力がはたらきます．一方，N極とN極，またはS極とS極，すなわち同種の磁極との間には反発力がはたらきます．これらの力を**磁力**といいます．

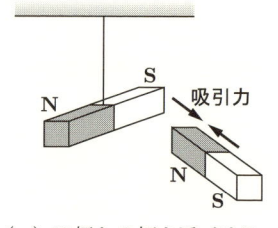

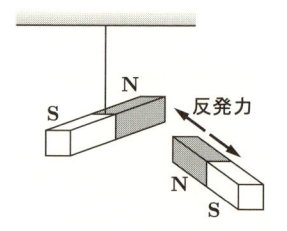

（a）N極とS極を近づける　　（b）N極とN極を近づける

図 6.1　磁石どうしを近づける

磁極のはたらきを示す方法として，**磁力線** (line of magnetic force) という仮想的な線を考えます．磁石の周りには磁力線があり，これによって力がはたらくと考えます（図 6.2）．磁力線上に磁針を置いたとき，図のように，磁針の針は磁力線の向く方向を指します．このように，仮想的に磁力線の存在する領域を**磁界** (magnetic field) といいます．

（a）吸引力の場合　　　　（b）反発力の場合

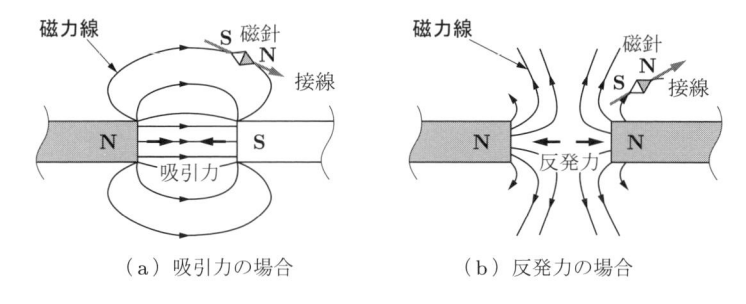

図 6.2　磁力線と磁力

磁力線の性質をあげると，つぎのようなことがいえます．

- ◇ 磁力線は N 極から出て S 極に入る
- ◇ 磁力線は「ゴムひも」のように常に縮もうとし，また，たがいに反発する
- ◇ 磁力線はたがいに交わらない
- ◇ 任意の点における磁界の向きは，その点の磁力線の接線と一致する
- ◇ 任意の点における磁力線の密度は，その点の磁界の大きさを表す

＜コラム＞磁針

　磁針とは，磁界の方向を指し示す針状の磁石（小型の永久磁石）で，中央に支点を置いて，水平に自由に回転する方位磁針のことです．磁針の針は磁力線の向く方向を指します（図 6.3）．

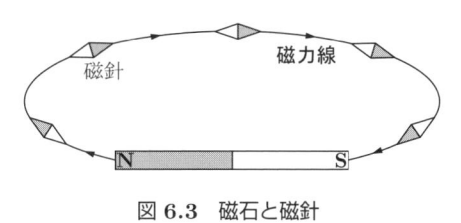

図 6.3　磁石と磁針

6.2　磁極にはたらく力

　6.1 節で述べたように，磁石の N 極と S 極を離して置くと，たがいに吸引力がはたらきます（図 6.4 (a)）．ここで，磁極が「点」と考えられるほど距離 r [m] が大きいとします（図 (b)）．このとき，点とみなした磁極を**点磁荷**といいます．点磁荷の m_1 と m_2 はそれぞれの磁極の強さを表し，その単位は**ウェーバ**（weber，記号 Wb）です．

6章 磁石のもつ性質とは

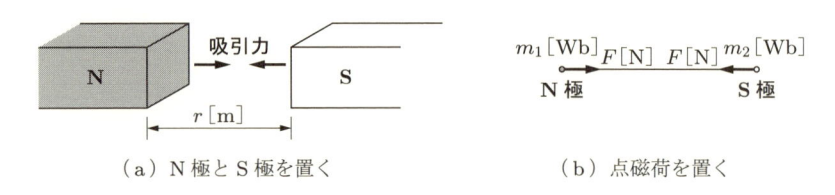

(a) N極とS極を置く　　　　　(b) 点磁荷を置く

図 6.4　磁極にはたらく力

また，磁極間にはたらく力（吸引力または反発力）は F で表され，その単位は**ニュートン**（newton，記号 N）です．

磁極間にはたらく力は，つぎの法則に従います．

◇ 二つの点磁荷の間にはたらく力 F の大きさは，両点磁荷の強さの積に比例する
◇ 二つの点磁荷の間にはたらく力 F の大きさは，点磁荷間の距離の 2 乗に反比例する
◇ 力 F の向きは，両点磁荷を結ぶ直線上にある

この法則を**磁荷に関するクーロンの法則**（Coulomb's law）といいます．式で表現すると，つぎのようになります．

$$F = \kappa \frac{m_1 m_2}{r^2} \tag{6.1}$$

ここで，κ（カッパ）は比例定数で，磁極が置かれた空間の磁気的性質を表す定数の一つです．式 (6.1) で，磁極の強さ m_1, m_2 [Wb] は，N 極のときは正 $(+)$，S 極のときは負 $(-)$ で表されます．すなわち，力 F [N] の大きさは同極間ではプラスとなり，反発力を表します．これに対して，異極間ではマイナスとなって，力 F [N] は吸引力を表します．

比例定数 κ は，透磁率 μ（ミュー）を用いて次式で表されます．

$$\kappa = \frac{1}{4\pi\mu} \tag{6.2}$$

真空の透磁率は μ_0 で表され，その値は $\mu_0 = 4\pi \times 10^{-7}$ [H/m] となります．空気の透磁率は真空の場合とほぼ同じ値になります．したがって，空気の κ の値はつぎのようになります．なお，透磁率については 9 章で詳しく説明します．

$$\kappa = \frac{1}{4\pi\mu_0} = \frac{1}{4\pi \times 4\pi \times 10^{-7}} \approx 6.33 \times 10^4 \tag{6.3}$$

式 (6.3) を用いると，式 (6.1) は次式のように表されます．

$$F = \kappa \frac{m_1 m_2}{r^2} = 6.33 \times 10^4 \times \frac{m_1 m_2}{r^2} \tag{6.4}$$

例題 6.1 空気中で磁極の強さが $m_1 = 2 \times 10^{-5}$ [Wb], $m_2 = 5 \times 10^{-4}$ [Wb], 両磁極間の距離が $r = 20$ [cm] であるとき, 両極間にはたらく力 F [N] はいくらになるか. また, 力 F [N] は吸引力または反発力のどちらか答えなさい.

答
0.0158 [N], 反発力

解説
式 (6.4) に値を代入します.

$$F = 6.33 \times 10^4 \times \frac{m_1 m_2}{r^2} = 6.33 \times 10^4 \times \frac{2 \times 10^{-5} \times 5 \times 10^{-4}}{(0.2)^2} = 0.0158 \,[\text{N}]$$

力 F [N] の大きさは同極間なのでプラスとなり, 反発力となります.

例題 6.2 空気中で磁極の強さが $m_1 = 3 \times 10^{-4}$ [Wb], $m_2 = 4 \times 10^{-5}$ [Wb] であり, そのときの両極間にはたらく力 F が 0.321 [N] であった. 磁極間の距離 r はいくらか答えなさい.

答
4.9 [cm]

解説
式 (6.4) より, 次式が得られます.

$$r = \sqrt{\frac{6.33 \times 10^4 \times m_1 m_2}{F}}$$

この式に値を代入します.

$$r = \sqrt{\frac{6.33 \times 10^4 \times 3 \times 10^{-4} \times 4 \times 10^{-5}}{0.321}}$$
$$= \sqrt{236.63 \times 10^{-5}} = 0.049 \,[\text{m}] = 4.9 \,[\text{cm}]$$

6.3 磁気誘導

磁石に釘や鉄片を近づけると, これらは磁石に引き付けられます. 図 **6.5** に示すように, 磁石の N 極に鉄片を近づけた場合, N 極に近いほうの鉄片の端に S 極が現れ,

遠いほうの端にN極が現れます．これにより，鉄片に表れたS極と磁石のN極との間に吸引力がはたらき，鉄片は磁石に引き付けられます．

このように，鉄片に磁気が現れることを**磁気誘導**（magnetic induction）といいます．磁気誘導された鉄片は，**磁化**（magnetization）されたといいます．

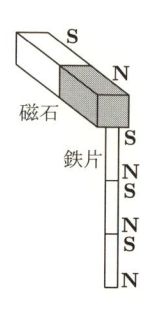

図 6.5　磁気誘導

例題 6.3　図6.5の一番下の鉄片に磁針を近づけたら，針はどのように振れるか答えなさい．

答

磁針の針はS極を上に，N極を下に向ける．

解説

一番下の鉄片は上側がS極，下側がN極に磁化されています．磁針を近づけると，針の振れは上がS極に，下がN極になります（図 6.6）．

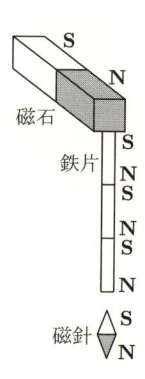

図 6.6　鉄片に磁針を近づける

6.4 電流による磁界

導体に電流が流れると，導体の周りに磁界が生じます．ここでは，導体が直線状の場合と円形コイルの場合について説明します．

(1) 直線状導体に流れる電流がつくる磁界

直線状導体に電流を流して導体の付近に磁針を置くと，磁針に力がはたらき，磁針は一定の向きに振れます．これは，導体に電流が流れると導体の周りに磁力線が生じ，磁界が発生するためです．電流による磁力線は，導体を中心に同心円状に生じます．

電流の向きと磁力線の向きの関係は，電流の流れる向きを右ねじの進む向きにとると，ねじを回す向きが磁力線の向きになります．そして，磁力線の向きが磁界の向きになります．この関係を**アンペールの右ねじの法則**（Ampère's right-hand rule）といいます（図 6.7）．図 6.8 は，図 6.7 の直線状導体を上から見た場合と下から見た場合の電流の向きと磁力線の向きの関係を平面で表したものです．電流が紙面に垂直に表から裏に向かって流れていることを表す記号は ⊗（クロス）で，逆に，電流が裏から表に向かって流れていることを表す記号は ⊙（ドット）です．

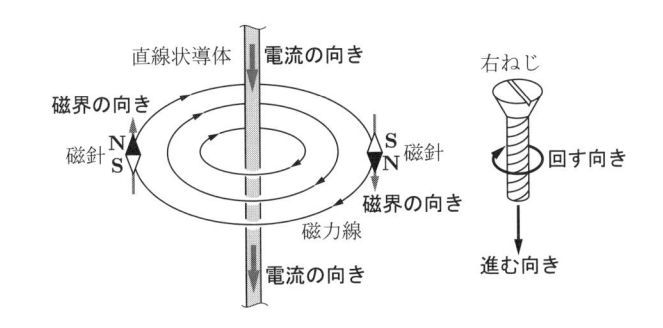

図 6.7 アンペールの右ねじの法則

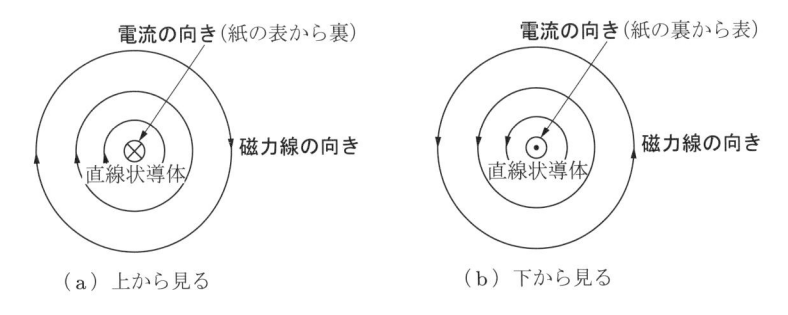

図 6.8 電流と磁力線の向きの関係

(2) 円形コイルに流れる電流がつくる磁界

直線状導体を円形にした場合，図 6.9 (a) に示すように，円形コイルに流れる電流の向きを右回りとすると，円形コイルの内側では，紙面の表から裏に向かう磁力線が発生します．

また，図(b)に示すように，右ねじを回す向きを電流の流れる向きにとると，右ねじが進む向きは磁界の向きと同じになります．これもアンペールの右ねじの法則と同様に，右ねじを用いて覚えられます．

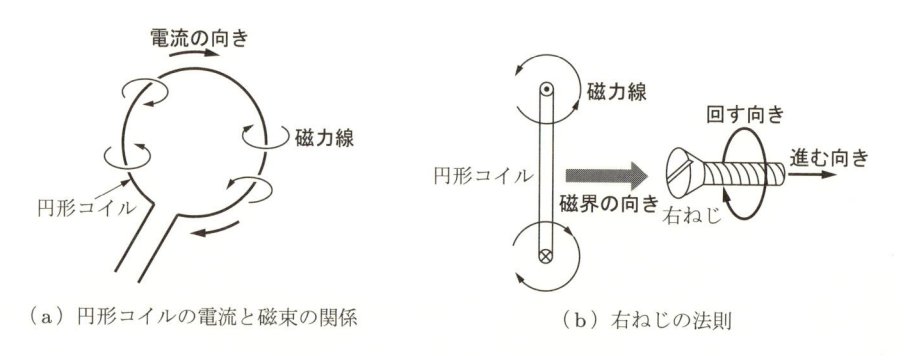

（a）円形コイルの電流と磁束の関係　　　　（b）右ねじの法則

図 6.9　円形コイルと右ねじの法則

コイルを筒状に巻いたものを**ソレノイド**といいます（図 6.10 (a)）．ソレノイドに電流を図の向きに流した場合，アンペールの右ねじの法則に従って，矢印のように磁力線がつくられ，磁界が発生します．ソレノイドがつくる磁界は巻数が多いほど，また，電流が大きいほど強くなり，図(b)のように，磁石と同じはたらきをします．ソレノイドは，電磁リレーやプランジャーなどの工業用制御部品として多く利用されています．

（a）ソレノイド　　　　　　　　　　　　（b）磁石

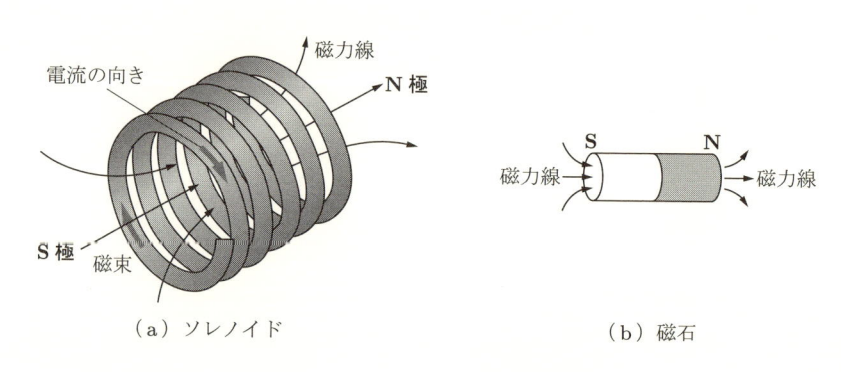

図 6.10　ソレノイドによる磁界の発生

例題 6.4 ソレノイドの断面図を図 6.11 に示す．電流が図に示す向きに流れているとき，磁界の向きを矢印で図中に示しなさい．またこのとき，ソレノイドの N 極と S 極はどちら側になるか答えなさい．

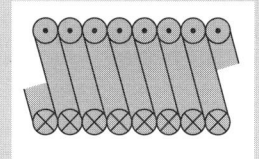

図 6.11 ソレノイド

答

磁界の向きは図 6.12 参照．ソレノイドの左側が S 極，右側が N 極になる．

解説

ソレノイドに流れている電流の向きは，⊗ と ⊙ の記号の方向になります．アンペールの右ねじの法則から，磁界の向きは図 6.12 に示す方向になります．

したがって，ソレノイドの左側は S 極に，右側が N 極になります．

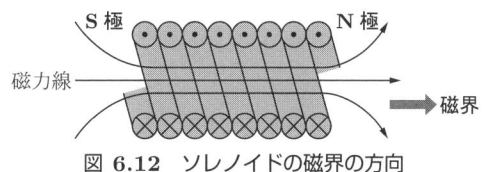

図 6.12 ソレノイドの磁界の方向

● ● ● 演習問題 ● ● ●

6.1 磁力線の性質を述べなさい．

6.2 空気中で二つの磁極の強さが 4×10^{-6} [Wb]，-2×10^{-6} [Wb]，両極間の距離が 1.5 [m] であるとき，磁極間にはたらく力を求めなさい．また，その力は反発力か吸引力か答えなさい．

6.3 三つの点磁荷 a〜c が空気中で一直線上に置かれている（図 6.13）．点磁荷 b にはたらく力の大きさと向きを求めなさい．

6.4 円形コイルに，図 6.14 のような向きに電流が流れている．磁力線の向きと磁界の向きを図示しなさい．

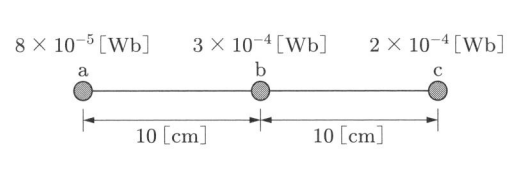

8×10^{-5} [Wb]　3×10^{-4} [Wb]　2×10^{-4} [Wb]
a　　　　b　　　　c
10 [cm]　　10 [cm]

図 6.13 三つの点磁荷

図 6.14 円形コイル

7章 磁界の強さを計算しよう

磁界の強さを計算するには，クーロンの法則やビオ–サバールの法則，アンペールの周回路の法則などを用いることができます．本章では，それぞれの法則について詳しく説明しますので，磁界の強さを具体的に計算してみましょう．

7.1 点磁荷による磁界の強さ

磁界の強さ（磁界の大きさ，intensity of magnetic field）は，磁界中に 1 [Wb] の正の磁極を置いたとき，磁極にはたらく力の大きさと向きで表現します．磁界の大きさは H で表され，その単位には**アンペア毎メートル**（記号 A/m）を用います．

真空中で m [Wb] の磁極から r [m] 離れた点 P の磁界の強さ H [A/m] は，次式で表されます．磁界の向きは，磁極と点 P を結んだ直線上にあり，図 **7.1** の矢印の向きになります．

$$H = \frac{1}{4\pi\mu_0} \times \frac{m}{r^2} = 6.33 \times 10^4 \times \frac{m}{r^2} \tag{7.1}$$

図 7.1 磁界の強さ

点 P の磁界の強さが H [A/m] ということは，点 P に 1 [Wb] の磁極を置いたとき，H [N] の力が生じることを意味しています．すなわち，磁界の強さ H [A/m] の磁界中に m' [Wb] の磁極を置いたとき，磁極に生じる力 F [N] はつぎのように表されます．

$$F = m'H = \frac{1}{4\pi\mu_0} \times \frac{mm'}{r^2} \tag{7.2}$$

これは式 (6.1) を表しています．

> **例題 7.1** 空気中で，2×10^{-6} [Wb] の磁極から 5 [cm] 離れた点 P の磁界の強さ H [A/m] を求めなさい．

答
50.6 [A/m]

解説
式 (7.1) より，

$$H = 6.33 \times 10^4 \times \frac{m}{r^2} = 6.33 \times 10^4 \times \frac{2 \times 10^{-6}}{0.05^2} = 50.6\,[\mathrm{A/m}]$$

となります．

> **例題 7.2** 強さが 10 [A/m] の磁界中に 2×10^{-6} [Wb] の磁極を置いたとき，磁極にはたらく力を求めなさい．

答
2×10^{-5} [N]

解説
式 (7.2) より，

$$F = m'H = 2 \times 10^{-6} \times 10 = 2 \times 10^{-5}\,[\mathrm{N}]$$

となります．

7.2 ビオ–サバールの法則

導体に流れる電流によって生じる磁界（磁力線）の向きは，アンペールの右ねじの法則に従います．磁界の大きさは，ビオ–サバールの法則と次節で説明するアンペールの周回路の法則から求めることができます．

導体中を電流 I [A] が**図 7.2** の矢印の向きに流れているとします．点 Q においては，アンペールの右ねじの法則から，紙面に垂直に図の向き（クロス，⊗）に磁界が生じます．ここで，導体上の任意の点 P における微小な長さを Δl [m] とします．点 P から距離 r [m] 離れた点 Q に生じる微小な磁界の大きさ ΔH [A/m] は，Δl の接線と線分 PQ とのなす角を θ とすると，次式で表されます．これは導体の微小部分 Δl に流れる電流 I がつくる磁界を表す式で，**ビオ–サバールの法則**（Biot-Savart law）とよばれます．

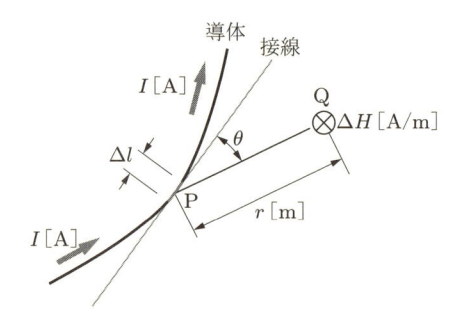

7章 磁界の強さを計算しよう

図 7.2 ビオ−サバールの法則

$$\Delta H = \frac{I \cdot \Delta l}{4\pi r^2} \sin \theta \tag{7.3}$$

例題 7.3 図 7.3 の円形コイルに電流 $I\,[\mathrm{A}]$ が流れているとき，コイルの中心 P に生じる磁界の強さ $H\,[\mathrm{A/m}]$ を求めなさい．

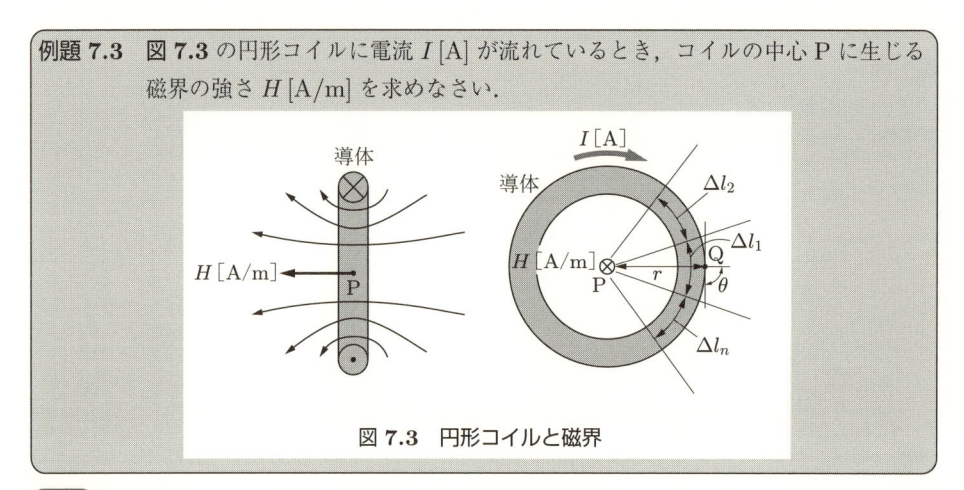

図 7.3 円形コイルと磁界

答

$$H = \frac{I}{2r}\,[\mathrm{A/m}]$$

解説

コイルの中心 P における磁界の強さ $H\,[\mathrm{A/m}]$ は，コイルを n 分割した，$\Delta l_1, \Delta l_2, \cdots, \Delta l_n\,[\mathrm{m}]$ のすべての微小部分を流れる電流 $I\,[\mathrm{A}]$ によって生じる磁界の強さ $\Delta H_1, \Delta H_2, \cdots, \Delta H_n$ の和からなります．

コイルの中心 P からそれぞれの微小部分の中心 Q までの距離はすべて等しく，コイルの半径 $r\,[\mathrm{m}]$ になります．微小部分の中心 Q における接線と半径 r とのなす角 θ はすべて 90° になるので，$\sin \theta = 1$ となります．

したがって，導体のそれぞれの微小部分によって生じる磁界の強さ $\Delta H_1, \Delta H_2, \cdots, \Delta H_n$

は，式 (7.3) のビオ–サバールの法則から

$$\Delta H_1 = \frac{I \cdot \Delta l_1}{4\pi r^2} \sin\theta = \frac{I \cdot \Delta l_1}{4\pi r^2}$$

$$\Delta H_2 = \frac{I \cdot \Delta l_2}{4\pi r^2}$$

$$\vdots$$

$$\Delta H_n = \frac{I \cdot \Delta l_n}{4\pi r^2}$$

となります．これらの磁界の向きは，コイルの中心 P ではすべて同じ向きなので，合成した磁界の強さ H は

$$H = \Delta H_1 + \Delta H_2 + \cdots + \Delta H_n$$
$$= \frac{I \cdot \Delta l_1}{4\pi r^2} + \frac{I \cdot \Delta l_2}{4\pi r^2} + \cdots + \frac{I \cdot \Delta l_n}{4\pi r^2}$$
$$= \frac{I}{4\pi r^2}(\Delta l_1 + \Delta l_2 + \cdots + \Delta l_n)$$

となります．

ここで，$\Delta l_1 + \Delta l_2 + \cdots + \Delta l_n$ はコイルの全長なので，半径 r の円周（$2\pi r$）と同じ長さになります．したがって，上式は，

$$H = \frac{I}{4\pi r^2} \times 2\pi r = \frac{I}{2r} \tag{7.4}$$

となります．

例題 7.4 図 7.3 において，コイルの巻数が N の場合，コイル中心の磁界の強さはどのように表されるか答えなさい．

答
$$H = \frac{NI}{2r} \ [\text{A/m}]$$

解説
コイルの巻数が N の場合のコイル中心の磁界の強さ H は，1 周の場合の磁界の強さの N 倍になります．

$$H = N \times \frac{I}{2r} = \frac{NI}{2r} \tag{7.5}$$

7.3 アンペールの周回路の法則

直線状の導体に電流が流れているときの磁界の強さは，ビオ－サバールの法則を用いて求めることもできますが，アンペールの周回路の法則を用いて計算すると便利です．以下では，この法則について説明しましょう．

図 7.4 に示すように，電流のつくる磁界中を一定方向に 1 回りする閉曲線を考えます．閉曲線の微小部分を $\Delta l_1, \Delta l_2, \cdots, \Delta l_n$，それぞれの微小部分において，閉回路に沿った磁界の接線成分の大きさを $\Delta H_1, \Delta H_2, \cdots, \Delta H_n$ とすると，これらの磁界の大きさとそれぞれの微小部分の長さの積の和は，閉曲線内に含まれる電流の和に等しくなります．これを**アンペールの周回路の法則**（Ampère's circuital law）といいます．ここで，閉曲線の向きは，右ねじが電流の正の向きに進むときの回転方向とします．また，磁界の接線成分の向きと閉曲線の向きが反対の部分は，マイナスの符号をつけて和をとります．

$$\Delta H_1 \Delta l_1 + \Delta H_2 \Delta l_2 + \cdots + \Delta H_n \Delta l_n = I_1 + I_2 + \cdots + I_n \tag{7.6}$$

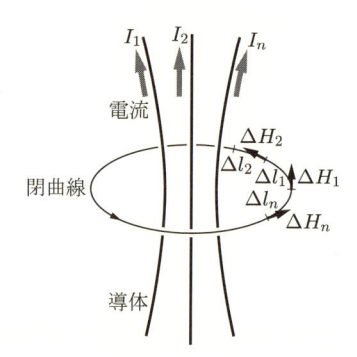

図 7.4 アンペールの周回路の法則

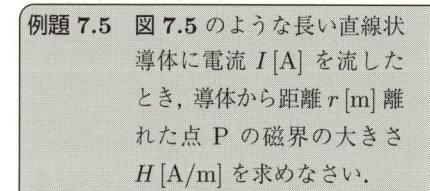

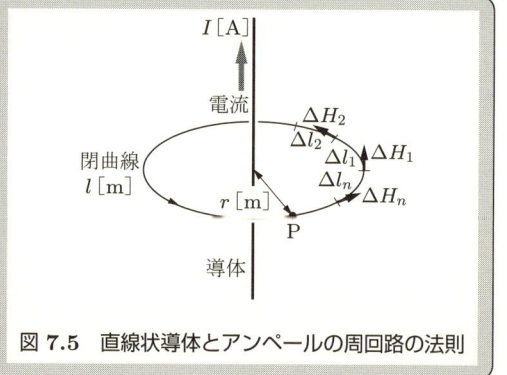

例題 7.5 図 7.5 のような長い直線状導体に電流 I [A] を流したとき，導体から距離 r [m] 離れた点 P の磁界の大きさ H [A/m] を求めなさい．

図 7.5 直線状導体とアンペールの周回路の法則

> 答

$$H = \frac{I}{2\pi r} \ [\text{A/m}]$$

> 解説

　長い直線状導体に流れる電流がつくる磁界は，導体に対して同心円になるので，半径 r [m] の円周上の磁界の大きさはどこでも等しく，磁界の向きは円の接線の向きになります．

　半径 r [m] の円周を閉曲線とします．その微小部分 $\Delta l_1, \Delta l_2, \cdots, \Delta l_n$ [m] の各部分における磁界の大きさを $\Delta H_1, \Delta H_2, \cdots, \Delta H_n$ [A/m] とすると，アンペールの周回路の法則から次式が得られます．

$$\Delta H_1 \Delta l_1 + \Delta H_2 \Delta l_2 + \cdots + \Delta H_n \Delta l_n = I$$

　円周上を 1 周する閉曲線の長さ $\Delta l_1 + \Delta l_2 + \cdots + \Delta l_n$ [m] は半径 r [m] の円周 $2\pi r$ に等しく，また，$\Delta H_1 = \Delta H_2 = \cdots = \Delta H_n = H$ より，

$$\Delta H_1 \Delta l_1 + \Delta H_2 \Delta l_2 + \cdots + \Delta H_n \Delta l_n = H(\Delta l_1 + \Delta l_2 + \cdots + \Delta l_n) = H \times 2\pi r$$

となり，

$$H \times 2\pi r = I$$

が得られます．したがって，点 P の磁界の大きさ H [A/m] は，次式で表されます．

$$H = \frac{I}{2\pi r} \tag{7.7}$$

> 例題 7.6　5 [A] の電流が流れている直線状導体がある．導体から 4 [cm] および 8 [cm] 離れた点の磁界の大きさを求めなさい．また，導体からの距離と磁界の大きさにはどのような関係があるか説明しなさい．

> 答

20 [A/m]，10 [A/m]，反比例

> 解説

　式 (7.7) より，4 [cm]，8 [cm] 離れた点での磁界の大きさは，それぞれ

$$H = \frac{I}{2\pi r} = \frac{5}{2\pi \times 0.04} \approx 20 \ [\text{A/m}]$$
$$H = \frac{I}{2\pi r} = \frac{5}{2\pi \times 0.08} \approx 10 \ [\text{A/m}]$$

となります．これより，導体からの距離が 4 [cm] から 2 倍の 8 [cm] になれば，磁界の強さは 1/2 になります．したがって，導体からの距離と磁界の大きさは反比例の関係になります．

例題 7.7
図 7.6 のように 1 [m] あたりの巻数が N の無限に長いソレノイドに電流 I [A] を流したとき，ソレノイド内部に生じる磁界の大きさ H [A/m] を求めなさい．

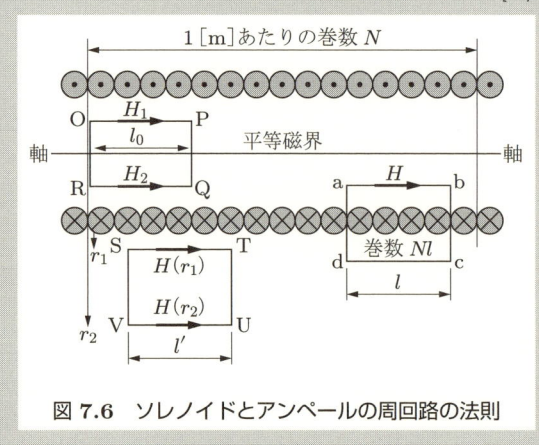

図 7.6 ソレノイドとアンペールの周回路の法則

答
$H = NI$ [A/m]

解説

導線を筒状に巻いたソレノイドの磁界は，ソレノイドの軸と平行な向きに生じ，ソレノイドの軸と平行な同一線上の磁界の大きさはどこでも同じになります．

まず，ソレノイドの内部でアンペールの周回路の法則を適用します．図 7.6 のように，ソレノイド内部の任意の場所で，2 辺がソレノイドの軸に平行な長方形の閉回路 OPQR を考えます．長さ l_0 [m] の線分 OP，RQ 上に，それぞれ大きさ H_1 [A/m]，H_2 [A/m] の磁界が右向きに生じているとします．また，線分 PQ，RO の向きの磁界の大きさはゼロです（コイルに直角な方向には磁界は発生しません）．ソレノイドの内部には電流が流れていないので，式 (7.6) より，

$$H_1 l_0 + 0 + (-H_2 l_0) + 0 = 0$$

となります．したがって，

$$H_1 = H_2$$

となり，ソレノイド内部の磁界の大きさと向きはどこでも同じになります．このような磁界を**平等磁界**といいます．

つぎに，コイルの長さ l [m] を囲むような閉回路 abcd を考え，この閉回路にアンペールの周回路の法則を適用します．ここで，ソレノイド内部に右向きに生じている磁界（平等磁界）の大きさを H [A/m] とします．すなわち，ソレノイド内部の閉回路の線分 ab 上に右向きに大きさ H の磁界が生じているとします．また，線分 bc，da のソレノイド内部の磁界は，コ

イルに直角な方向なのでゼロになります．さらに，線分 cd 方向の磁界は，ソレノイド外部には磁界がないのでゼロになります（後述します）．

コイルの長さ $l\,[\mathrm{m}]$ 間の巻数は Nl になるので，アンペールの周回路の法則から，式 (7.6) は

$$Hl = Nl \cdot I$$

となり，これより，

$$H = NI$$

となります．

なお，ソレノイド外部の磁界がゼロになることは，つぎのようにして確かめられます．図のようにソレノイド外部に閉回路 STUV を考え，アンペールの周回路の法則を適用すると，

$$H(r_1) \cdot l' - H(r_2) \cdot l' = 0$$

より，

$$H(r_1) = H(r_2)$$

となり，ソレノイドの外部磁界は場所によらず，

$$H(r) = H(r_1) = H(r_2)$$

と一定になります．ここで，無限遠 $(r \to \infty)$ では $H(r \to \infty) = 0$ としているので，ソレノイド外部では磁界はゼロになります．

例題 7.8 図 7.7 のように，半径が $r = 0.3\,[\mathrm{m}]$ で巻数が $N = 20$ の環状コイルに電流 $I = 0.2\,[\mathrm{A}]$ を流したとき，コイル内部に生じる磁界の強さ $H\,[\mathrm{A/m}]$ を求めなさい．

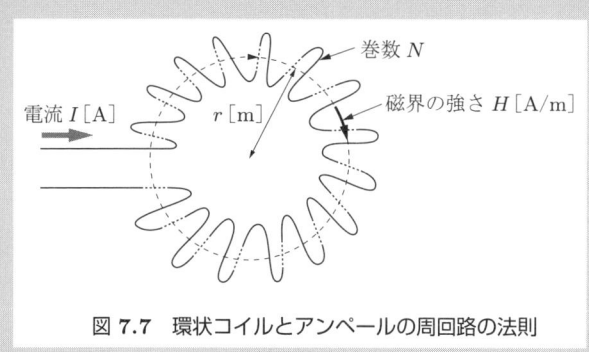

図 7.7 環状コイルとアンペールの周回路の法則

答
2.1 [A/m]

解説
式 (7.7) より，コイルの巻数が N の場合は

$$H = \frac{NI}{2\pi r}$$

となります．これに数値を代入します．

$$H = \frac{NI}{2\pi r} = \frac{20 \times 0.2}{2\pi \times 0.3} = 2.1 \,[\text{A/m}]$$

●●● 演習問題 ●●●

7.1 空気中で，3×10^{-2} [Wb] の磁極に 4×10^{-3} [N] の力がはたらいた．磁界の大きさを求めなさい．

7.2 直径 8 [cm]，巻数 160 回の円形コイルに 20 [mA] の電流を流したとき，コイルの中心に生じる磁界の大きさを求めなさい．

7.3 直線状導体から 4 [cm] 離れた点の磁界の大きさが 8 [A/m] であった．この導体に流れている電流を求めなさい．

8章 モータを回転させる力

電気モータの中には導線が巻かれたコイルと磁石が入っており，導線に電流を流すとコイルが回転して，モータが回る仕組みになっています．これは，磁石による磁界とコイルによる磁界のはたらきを利用したものです．本章では，平等磁界中に置かれた方形コイルにはたらく電磁力と，コイルにはたらくトルクについて説明します．

8.1 磁界の強さと磁束密度

磁界中の任意の場所で，面積 $A\,[\mathrm{m}^2]$ を磁力線が N 本貫通しているとします（図 **8.1**(a)）．磁界中の物質の透磁率を μ とするとき，次式で定義する Φ を**磁束**（magnetic flux）といいます．磁束の単位には**ウェーバ** [Wb] が用いられます．

$$\Phi = \mu N \tag{8.1}$$

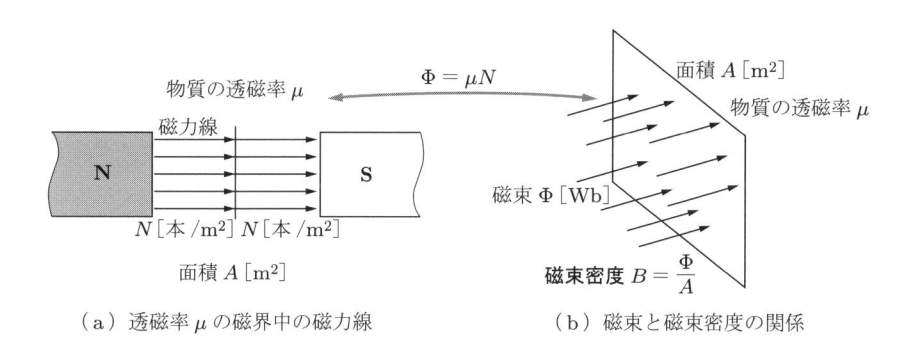

図 8.1　磁力線と磁束の関係

(a) 透磁率 μ の磁界中の磁力線　　(b) 磁束と磁束密度の関係

磁束は磁石の磁極から出入りするので，N 極から出た磁束の量は，S 極に入る磁束の量に等しくなります（図 **8.2**）．磁束は磁石の中も貫通します．

また，磁束に垂直な単位面積を貫く磁束を**磁束密度**（magnetic flux density）といいます（図 8.1 (b)）．磁束密度 B の単位には，**テスラ**（tesla, 記号 T）が用いられます．すなわち，

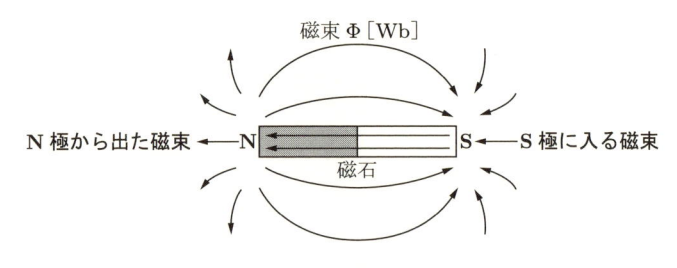

図 8.2　磁石の磁束の出入り

$$B = \frac{\Phi}{A} \tag{8.2}$$

です．ここで，磁束密度の単位 T には，$[\text{Wb/m}^2] = [\text{T}]$ の関係があります．断面積 A の単位が $[\text{cm}^2]$ であれば，$[\text{m}^2]$ の単位に換算する必要があります．

磁界の大きさ $H\,[\text{A/m}]$ と磁束密度 $B\,[\text{T}]$ の間には，式 (8.1) と式 (8.2) から，次式が成り立ちます．

$$B = \frac{\Phi}{A} = \frac{\mu N}{A} = \mu \frac{N}{A} = \mu H \tag{8.3}$$

ここで，$N/A = H$ です．すなわち，磁力線の密度 N/A は，磁界の大きさ $H\,[\text{A/m}]$ に等しくなります．式 (8.3) より，磁束密度 B は磁界の大きさ H に比例します．

例題 8.1　磁石の断面積を $A = 10\,[\text{cm}^2]$ とし，磁束を $\Phi = 4 \times 10^{-6}\,[\text{Wb}]$ とすると，磁束密度 $B\,[\text{T}]$ はいくらになるか答えなさい．

答
$0.004\,[\text{T}]$

解説
式 (8.2) より，

$$B = \frac{\Phi}{A} = \frac{4 \times 10^{-6}\,[\text{Wb}]}{10 \times 10^{-4}\,[\text{m}^2]} = 0.4 \times 10^{-2}\left[\frac{\text{Wb}}{\text{m}^2}\right] = 0.004\,[\text{T}]$$

となります．

> **例題 8.2** 空気中に置かれた磁石の磁界の大きさが $H = 20\,[\mathrm{A/m}]$ である．空気の透磁率 μ は真空の透磁率 $\mu_0 = 4\pi \times 10^{-7}\,[\mathrm{A/m}]$ とほぼ同じ値として，磁束密度を求めなさい．

答

$25 \times 10^{-6}\,[\mathrm{T}]$

解説

式 (8.3) から，

$$B = \mu H \approx \mu_0 H = (4\pi \times 10^{-7}) \times 20 = 8\pi \times 10^{-6}\,[\mathrm{T}] = 25 \times 10^{-6}\,[\mathrm{T}]$$

となります．

8.2 電磁力

磁石の N 極と S 極の間に導体を支柱からつり下げておき，この状態で導体に電流を流します（図 8.3 (a)）．導体には図の向きに電流が流れているとします．導体の左側では，磁石による磁束と電流による磁束の向きが同じになるため，磁束が重なり合って磁束密度が大きくなります（図(b)）．逆に，導体の右側では，磁石による磁束と電流による磁束の向きが反対になるため，磁束はたがいに打ち消し合って磁束密度が小さくなります．

磁力線の性質（磁力線は，「ゴムひも」のように常に縮もうとする）から，導体は磁束密度の小さいほうへ押され，図中の矢印の向きに動くことになります．このように

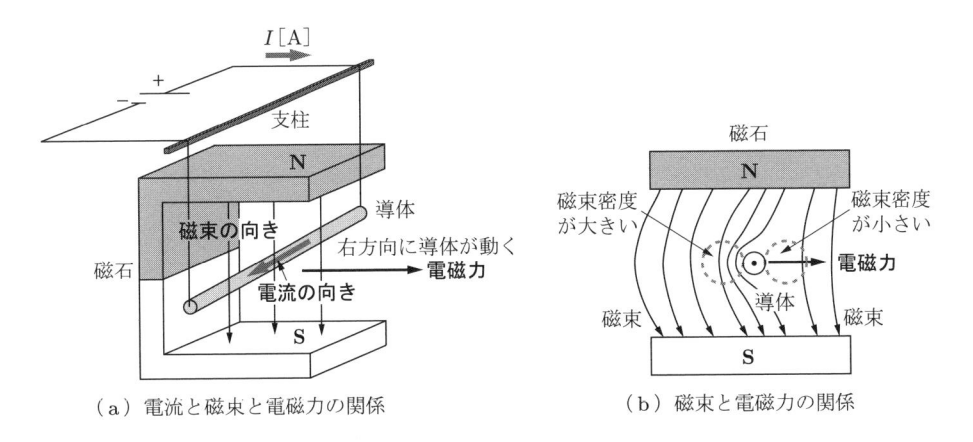

（a）電流と磁束と電磁力の関係 （b）磁束と電磁力の関係

図 8.3 電流，磁束，電磁力の方向の関係

導体が受ける力を**電磁力**といいます．

電磁力の向きを見つける方法として，**フレーミングの左手の法則**（Fleming's left-hand rule）があります（図 8.4）．これは，

◇ 左手の親指，人差し指，中指をたがいに垂直になるように開き，人差し指を磁界の方向に，中指を電流の方向に向けると，親指の向きが力の方向に一致する

という手の指を使った法則です．

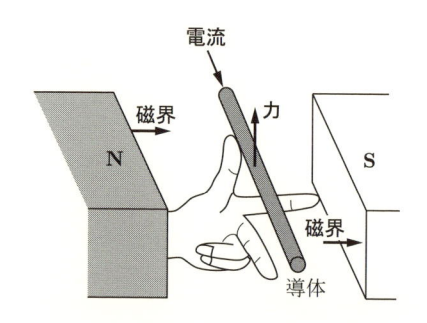

図 8.4 フレーミングの左手の法則

すなわち，磁石がつくる平等磁界内で，垂直に直線導体を置いて，図の向きに電流を流すと，導体にはたらく力の向きは上方向となり，磁界の向きと直線導体（電流の方向）と導体にはたらく力の向きはたがいに垂直になります．

磁界中の直線導体の長さを l [m]，導体に流れる電流の大きさを I [A]，磁束密度の大きさを B [T] とすると，直線導体にはたらく力の大きさ F [N] は次式で表されます．

$$F = BIl \tag{8.4}$$

図 8.5 のように，導体の向きが磁界の向きに対して θ の角度にあるとき，導体にはたらく力 F [N] は次式で表されます．

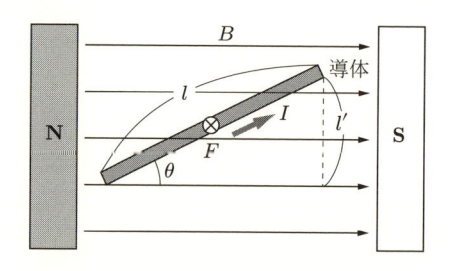

図 8.5 導体の角度と電磁力の関係

$$F = BIl \sin\theta \tag{8.5}$$

すなわち，長さ $l\,[\mathrm{m}]$ の導体にはたらく力は，磁界中に垂直に置かれた $l' = l\sin\theta$ の導体にはたらく力に等しいと考えることができます．図の場合は，導体には，紙面の表から裏に向かう力がはたらきます（$\otimes$，クロス）．

> **例題 8.3** 図 8.6 のように，磁界と平行に直線導体を置いたとき，導体にはたらく力の大きさを求めなさい．
>
> 図 8.6 導体を磁界と平行に置く

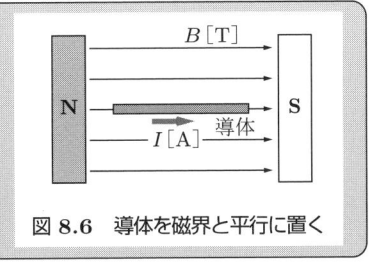

答
$0\,[\mathrm{N}]$

解説
導体を磁界と平行に置くと $\theta = 0°$ となるので，式 (8.5) において，$\sin 0° = 0$ より，

$$F = BIl \sin\theta = BIl \sin 0° = 0\,[\mathrm{N}]$$

となります．したがって，電流の方向には無関係に，力はゼロになります．

> **例題 8.4** 磁束密度 $B = 3\,[\mathrm{T}]$ の磁界中に，電流 $I = 4\,[\mathrm{A}]$ が流れている導体（長さ $l = 0.5\,[\mathrm{m}]$）が置かれている．磁界の向きが電流の向きに対して $30°$ の角度をなすとき，導体にはたらく力の大きさを求めなさい．

答
$3\,[\mathrm{N}]$

解説
式 (8.5) に数値を代入します．

$$F = BIl \sin\theta = 3 \times 4 \times 0.5 \times \sin 30° = 3\,[\mathrm{N}]$$

> **例題 8.5** 図 8.5 において，磁束密度を $B = 2\,[\mathrm{T}]$，電流を $I = 12\,[\mathrm{A}]$，磁界中の導体の長さを $l = 0.3\,[\mathrm{m}]$ としたとき，導体と磁界のなす角度 θ が $0°$，$30°$，$90°$，$120°$，$135°$ のそれぞれの場合に導体にはたらく力を求めなさい．

> **答**

$0\,[\mathrm{N}]$, $3.6\,[\mathrm{N}]$, $7.2\,[\mathrm{N}]$, $6.24\,[\mathrm{N}]$, $5.09\,[\mathrm{N}]$

> **解説**

それぞれの角度について，式 (8.5) を用いて計算します．

$$\theta = 0°\text{の場合：}\quad F = BIl\sin\theta = 2 \times 12 \times 0.3 \times \sin 0° = 0\,[\mathrm{N}]$$
$$\theta = 30°\text{の場合：}\quad F = BIl\sin\theta = 2 \times 12 \times 0.3 \times \sin 30° = 3.6\,[\mathrm{N}]$$
$$\theta = 90°\text{の場合：}\quad F = BIl\sin\theta = 2 \times 12 \times 0.3 \times \sin 90° = 7.2\,[\mathrm{N}]$$
$$\theta = 120°\text{の場合：}\, F = BIl\sin\theta = 2 \times 12 \times 0.3 \times \sin 120° = 6.24\,[\mathrm{N}]$$
$$\theta = 135°\text{の場合：}\, F = BIl\sin\theta = 2 \times 12 \times 0.3 \times \sin 135° = 5.09\,[\mathrm{N}]$$

> **例題 8.6** 空気中で，大きさが $150\,[\mathrm{A/m}]$ の平等磁界中に，直線導体を磁界の方向に対して $30°$ の角度をなすように置いた（**図 8.7**）．導体に $40\,[\mathrm{A}]$ の電流を流したとき，導体の単位長さあたりにはたらく電磁力の大きさを求めなさい．また，電磁力の方向を「クロス」または「ドット」で答えなさい．ただし，空気の透磁率は真空の透磁率と等しく，$\mu_0 = 4\pi \times 10^{-7}\,[\mathrm{H/m}]$ とする．

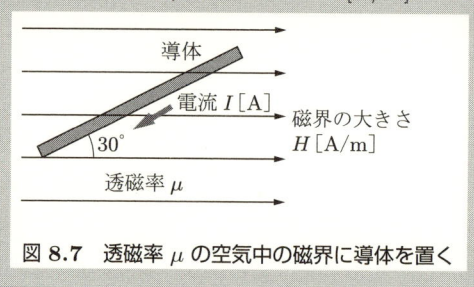

図 8.7 透磁率 μ の空気中の磁界に導体を置く

> **答**

$F = 3.77 \times 10^{-3}\,[\mathrm{N/m}]$　電磁力の方向は $\odot$（ドット）

> **解説**

磁界の大きさ $H = 150\,[\mathrm{A/m}]$ から，式 (8.3) を用いて磁束密度 $B\,[\mathrm{T}]$ を求めると，

$$B = \mu H = 4\pi \times 10^{-7} \times 150 = 1.885 \times 10^{-4}\,[\mathrm{T}]$$

が得られます．したがって，導体の単位長さ（$l = 1\,[\mathrm{m}]$）あたりにはたらく力の大きさは，式 (8.5) から，

$$F = BIl\sin\theta = 1.885 \times 10^{-4} \times 40 \times 1 \times \sin 30° = 3.77 \times 10^{-3}\,[\mathrm{N/m}]$$

となります．

8.3 方形コイルにはたらくトルク

図 8.8 のように，平等磁界中に磁界の向きと平行に置かれた方形コイルにはたらく力について考えてみましょう．方形コイルには図の矢印の向きに電流 I [A] が流れているとします．方形コイルの辺 ab と辺 cd の部分にはたらく力の大きさ F [N] は，式 (8.4) より，

$$F = BIl_1$$

となります．この力の向きは，辺 ab と辺 cd では電流の向きが逆なので，図(b)に示すようにたがいに逆向きになります．また，方形コイルの辺 bc と辺 da の部分には力がはたらかないので，XY を軸として方形コイルを回転させようとする力がはたらきます．このような力を**トルク**（torque）といいます．

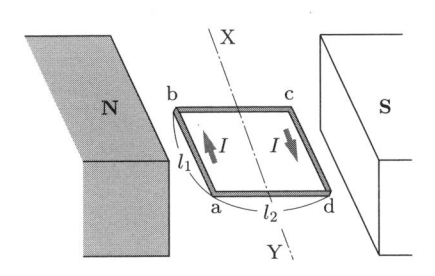

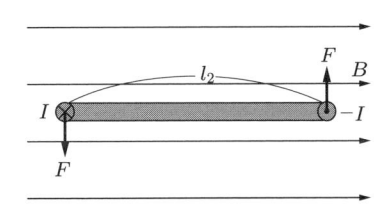

（a）平等磁界中に方形コイルを置く　　（b）方形コイルにはたらくトルク

図 8.8　平行に置かれた方形コイルとトルク

磁界の磁束密度を B [T]，コイルの寸法を l_1 [m]，l_2 [m] とし，コイルに流れる電流を I [A] とすると，コイルにはたらくトルク T [N·m] は次式で表されます．

$$T = \frac{l_2}{2}F + \frac{l_2}{2}F = l_2 F = l_2 \times BIl_1 = BIl_1 l_2 \tag{8.6}$$

ここで，$l_1 l_2$ はコイルの面積ですので，これを A [m²] とすると，トルク T [N·m] は

$$T = BIA \tag{8.7}$$

となります．

コイルの巻数を多くすると，より大きなトルクが得られます．コイルの巻数を N とすると，トルク $T\,[\text{N·m}]$ は

$$T = BIAN \tag{8.8}$$

となります．

例題 8.7 磁束密度 $B = 0.5\,[\text{T}]$，電流 $I = 2\,[\text{A}]$，コイルの面積 $A = 0.06\,[\text{m}^2]$ のとき，コイルにはたらくトルク $T\,[\text{N·m}]$ を求めなさい．

答
$T = 0.06\,[\text{N·m}]$

解説
式 (8.7) より，

$$T = BIA = 0.5 \times 2 \times 0.06 = 0.06\,[\text{N·m}]$$

となります．

例題 8.8 磁束密度 $B = 0.2\,[\text{T}]$，電流 $I = 3\,[\text{A}]$，コイルの面積 $A = 0.06\,[\text{m}^2]$，巻数 $N = 1000$ のとき，コイルにはたらくトルク $T\,[\text{N·m}]$ を求めなさい．

答
$T = 36\,[\text{N·m}]$

解説
式 (8.8) より，

$$T = BIAN = 0.2 \times 3 \times 0.06 \times 1000 = 36\,[\text{N·m}]$$

となります．

8.4 コイルの回転にともなうトルクの変化

平等磁界中にコイルを置き，コイルに電流を流すと，コイルにトルクがはたらきます．トルクの大きさは，磁界中のコイルの位置によって変わります．図 8.9 (b) に示すように，θ だけ回転させたところでは，コイルを回転させようとして有効にはたらく力は，

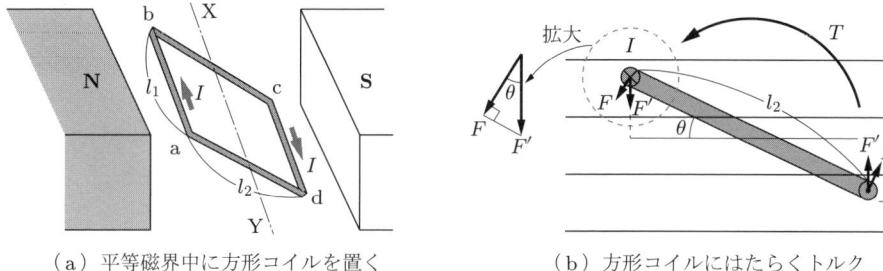

（a）平等磁界中に方形コイルを置く　　（b）方形コイルにはたらくトルク

図 **8.9** θ だけ回転させた方形コイルとトルク

$$F = F' \cos \theta \tag{8.9}$$

となります．たとえば，

$$\theta = 30°: \quad F = F' \cos 30° = 0.866 F'$$
$$\theta = 90°: \quad F = F' \cos 90° = 0$$

となります．

すなわち，磁界の向きに対してコイルの面のなす角度が θ のとき，コイルにはたらくトルク T [N·m] は次式で表されます．

$$T = BIAN \cos \theta \tag{8.10}$$

例題 8.9 断面積 A [m^2]，巻数 N の方形コイルに電流 I [A] が流れており，磁束密度 B [T] の平等磁界中で，磁界に垂直な軸の回りに周期 T（1 回転に要する時間）で回転している．このとき，コイルに発生するトルク T [N·m] の変化を図示しなさい．ただし，時間 $t = 0$ のときに磁界の向きに対してコイルのなす角度を $\theta = 0°$ とする．

答

図 **8.10** のとおり．

解説

コイルに発生するトルクが最大になるのは，コイルが磁界の方向に対して平行になったときで，式 (8.10) より，このときのトルクは

$$T_m = BIAN \cos 0° = BIAN \text{ [N·m]}$$

となります．

コイルに発生するトルクは，時間を t [s] とすると，コイルが磁界と平行になる $\theta = 0°(t = 0)$ と $\theta = 180°(t = T/2)$ のときが最大となり，コイルが磁界の方向に対して垂直となる $\theta = 90°(t = T/4)$ と $\theta = 270°(t = 3T/4)$ のときゼロになります．これを図示すると，図 8.10 のようになります．

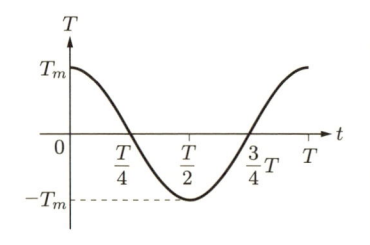

図 8.10 コイルにはたらくトルクの変化

• • • 演習問題 • • •

8.1 磁束密度 $B = 0.4$ [T] の平等磁界中に垂直に長さ 30 [cm] の導体を置き，導体に 30 [A] の電流を流したとき，導体にはたらく力を求めなさい．

8.2 磁束密度 $B = 2$ [T] の平等磁界中に，長さ 10 [cm] の導体を磁界との角度が 30° になるように置かれている．この導体に電流を流すと，導体に 0.02 [N] の力がはたらいた．このとき流した電流の大きさを求めなさい．

8.3 巻数 $N = 300$，面積 $A = 0.002$ [m^2] の方形コイルが，磁束密度 $B = 0.5$ [T] の平等磁界中に置かれている（図 8.8 参照）．コイルに電流 $I = 0.2$ [A] を流したとき，コイルにはたらくトルク T [N·m] を求めなさい．また，電流 I を 2 倍または 1/2 倍に増減させたとき，トルク T [N·m] はどのように変化するのか具体的な数値で比較しなさい．

9章 磁束を通しやすい物質

鉄心にコイルを巻いて電流を流すと，鉄心中に磁束が通ります．電流を流しやすい物質と流しにくい物質があるように，このとき，磁束を通しやすい物質と通しにくい物質とがあります．この類似性から，物質中を通る磁束について成り立つオームの法則を考えることができます．本章では，1章で学んだ電気回路との対応について説明します．

9.1 起磁力と磁気抵抗

環状鉄心の周りに一様に導線を巻きます（図 9.1）．導線に電流を流すと，鉄心中に磁束が生じます．鉄心以外の空間には，ほとんど磁束は生じません．

磁束 Φ [Wb] は，コイルの巻数 N と電流 I との積に比例します．この磁束を生じさせる原動力を**起磁力**（magnetomotive force）といいます．起磁力 F_m はコイルに流れる電流そのものであり，コイルに流れる電流 I と巻数 N との積 NI [A] で表されます．起磁力の記号には F_m が用いられ，その単位は [A] です．

$$F_m = NI \tag{9.1}$$

磁束が通る通路を，**磁路**（magnetic path）または**磁気回路**（magnetic circuit）といいます．図 9.1 に示す磁気回路において，起磁力 NI [A] と磁束 Φ [Wb] との比を，磁気回路の**磁気抵抗**（reluctance）といいます．

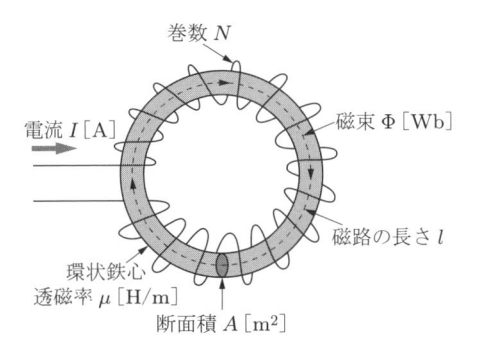

図 9.1 環状鉄心の磁気回路

磁気抵抗 R_m は

$$R_m = \frac{NI}{\Phi} \tag{9.2}$$

のように表されます．磁気抵抗の単位は [A/Wb] となりますが，一般には，**毎ヘンリー**（記号 H^{-1}）が使われます．すなわち，$1\,[\mathrm{H}^{-1}] = 1\,[\mathrm{A/Wb}]$ です．なお，ヘンリー [H] については 12 章で説明します．

磁気抵抗は，磁束の通りにくさを表しています．磁気抵抗 $R_m\,[\mathrm{H}^{-1}]$ は磁路の長さ $l\,[\mathrm{m}]$ に比例し，鉄心の断面積 $A\,[\mathrm{m}^2]$ に反比例します．すなわち，

$$R_m = \frac{l}{\mu A} \tag{9.3}$$

のように表されます．式 (9.2) と式 (9.3) から，磁束 Φ はつぎのように表されます．

$$\Phi = \frac{NI}{l/\mu A} = \frac{\mu A N I}{l} \tag{9.4}$$

このことから，起磁力 NI が一定であれば，鉄心の断面積 A が大きいほど磁束 Φ が通りやすくなり，磁路 l が長いほど通りにくいことがわかります．

式 (9.3) の μ は**透磁率**（permeability）とよばれます．この値は，磁路をつくる物質によって異なります．μ の単位には**ヘンリー毎メートル** [H/m] が使われます．透磁率 μ が大きいほど磁気回路の磁気抵抗は小さく，磁束が生じやすく（Φ が大きく）なります．つまり，磁気回路の透磁率 μ は，電気回路の導電率 σ に相当します．

磁気回路と電気回路の対応については 9.4 節で説明します．

例題 9.1 透磁率 $\mu = 5 \times 10^{-3}\,[\mathrm{H/m}]$，磁路の長さ $l = 40\,[\mathrm{cm}]$，磁路の断面積 $A = 6\,[\mathrm{cm}^2]$ の環状鉄心がある．磁気回路の磁気抵抗を求めなさい．

答
$1.33 \times 10^5\,[\mathrm{H}^{-1}]$

解説
式 (9.3) より，

$$R_m = \frac{l}{\mu A} = \frac{40 \times 10^{-2}}{5 \times 10^{-3} \times 6 \times 10^{-4}} = 1.33 \times 10^5\,[\mathrm{H}^{-1}]$$

となります．

> **例題 9.2** 磁路の長さ $l = 0.8\,[\mathrm{m}]$,鉄心の断面積 $A = 30\,[\mathrm{cm}^2]$,磁気抵抗 $R_m = 3 \times 10^6\,[\mathrm{H}^{-1}]$ の環状鉄心がある.鉄心の透磁率を求めなさい.

答
$8.89 \times 10^{-5}\,[\mathrm{H/m}]$

解説
式 (9.3) より,

$$\mu = \frac{l}{R_m A}$$

となるので,数値を代入します.

$$\mu = \frac{l}{R_m A} = \frac{0.8}{3 \times 10^6 \times 30 \times 10^{-4}} = 8.89 \times 10^{-5}\,[\mathrm{H/m}]$$

9.2 透磁率と比透磁率

種々の物質の透磁率 μ と真空の透磁率 $\mu_0 = 4\pi \times 10^{-7}\,[\mathrm{H/m}]$ との比を,**比透磁率**(relative permeability)といいます.比透磁率 μ_r は次式で表されます.

$$\mu_r = \frac{\mu}{\mu_0} \tag{9.5}$$

$$\mu = \mu_0 \mu_r \tag{9.6}$$

種々の物質の比透磁率を**表 9.1** に示します.

表 9.1 種々の物質の比透磁率

物質	μ_r
銀	0.9999736
銅	0.9999906
空気	1.000000365
アルミニウム	1.000214
鉄(純)	200〜8000
ニッケル	250〜400
ケイ素鋼	500〜7000
フェライト	650〜5000
パーマロイ	8000〜10000

$\mu_r \gg 1$ の物質を**強磁性体**（ferromagnetic material）といいます．このような物質は，磁界の向きに強く磁化される性質があります．鉄やニッケルがこれにあたります．これ以外に，フェライト，パーマロイのようなフェリ磁性体も強く磁化される物質です．

$\mu_r > 1$ の物質を**常磁性体**（paramagnetic material）といいます．強磁性体に比べるとごくわずかですが磁化される物質で，アルミニウムがこれにあたります．

また，$\mu_r < 1$ の物質を**反磁性体**（diamagnetic material）といいます．磁界と反対向きにわずかに磁化される物質で，銀や銅がこれにあたります．

例題 9.3 比透磁率が 1000 であるケイ素鋼の透磁率を求めなさい．

答
1.26×10^{-3} [H/m]

解説
式 (9.6) より，

$$\mu = \mu_0 \mu_r = 4\pi \times 10^{-7} \times 1000 = 1.26 \times 10^{-3} \ [\text{H/m}]$$

となります．

例題 9.4 環状鉄心にコイルが巻いてあり，コイルに電流を流したときの鉄心内の磁束が 4×10^{-4} [Wb] であった（図 9.1 参照）．環状鉄心を取り除いてコイルのみにした場合，同じ電流を流したときのコイル内の磁束は 2×10^{-6} [Wb] に変化した．環状鉄心の比透磁率を求めなさい．ただし，空気の比透磁率を 1 とする．

答
200

解説
式 (9.4) において，環状鉄心内の磁束を Φ_1，環状鉄心を取り除いたときのコイル内の磁束を Φ_2 とすると，それぞれ

$$\Phi_1 = \frac{\mu_1 ANI}{l} \quad ①$$
$$\Phi_2 = \frac{\mu_2 ANI}{l} \quad ②$$

となります．ただし，μ_1 は鉄心の透磁率，μ_2 は空気の透磁率を表しています．ここで，コイルの断面積 A と磁路の長さ l は，環状鉄心の場合と等しいとします．

鉄心の比透磁率を μ_{r_1}，空気の比透磁率を μ_{r_2} とすると，式①，②より，

$$\frac{\Phi_1}{\Phi_2} = \frac{\mu_1}{\mu_2} = \frac{\mu_0 \mu_{r_1}}{\mu_0 \mu_{r_2}} = \frac{\mu_{r_1}}{\mu_{r_2}}$$

となるので,

$$\mu_{r_1} = \frac{\Phi_1}{\Phi_2} \mu_{r_2} = \frac{4 \times 10^{-4}}{2 \times 10^{-6}} \times 1 = 200$$

が得られます.

9.3 磁束密度と磁界の大きさ

図 9.2 の環状鉄心の磁気回路において, 鉄心内の磁束密度を B [T] とするとき, 式 (9.4) より次式が得られます.

$$B = \frac{\Phi}{A} = \frac{\mu N I}{l} \tag{9.7}$$

また, 鉄心内の磁界の大きさ H [A/m] は, $H = B/\mu$ (8 章の式 (8.3)) より,

$$H = \frac{B}{\mu} = \frac{1}{\mu} \frac{\mu N I}{l} = \frac{N I}{l} \tag{9.8}$$

と表されます. すなわち, 鉄心内の磁界の大きさ H は, 磁路の単位長さあたりの起磁力で表されます.

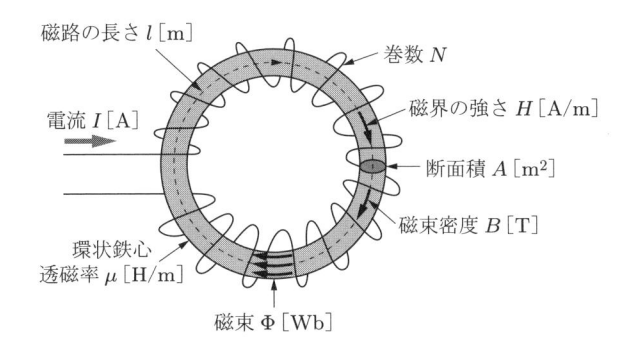

図 9.2 磁束密度と磁界の大きさの関係

> **例題 9.5** 透磁率 $\mu = 14.5 \times 10^{-5}\,[\mathrm{H/m}]$，断面積 $A = 32\,[\mathrm{cm^2}]$，磁路の長さ $l = 1.5\,[\mathrm{m}]$ の環状鉄心に巻数 $N = 120$ のコイルが巻かれている．コイルに電流 $I = 12\,[\mathrm{A}]$ を流したとき，鉄心内に生じる磁束 Φ と磁束密度 B を求めなさい．

答
$4.45 \times 10^{-4}\,[\mathrm{Wb}]$, $0.139\,[\mathrm{T}]$

解説
式 (9.4) より，

$$\Phi = \frac{\mu A N I}{l} = \frac{14.5 \times 10^{-5} \times 32 \times 10^{-4} \times 120 \times 12}{1.5} = 4.45 \times 10^{-4}\,[\mathrm{Wb}]$$

となります．また，式 (9.7) より，

$$B = \frac{\mu N I}{l} = \frac{14.5 \times 10^{-5} \times 120 \times 12}{1.5} = 0.139\,[\mathrm{T}]$$

となります．

> **例題 9.6** 磁路の長さ $l = 0.7\,[\mathrm{m}]$ の環状鉄心に，巻数 $N = 7000$ のコイルが巻かれている．コイルに電流 $I = 0.1\,[\mathrm{A}]$ 流したときの起磁力と磁界の大きさを求めなさい．

答
$F_m = 700\,[\mathrm{A}]$, $H = 1000\,[\mathrm{A/m}]$

解説
起磁力は，式 (9.1) より，

$$F_m = NI = 7000 \times 0.1 = 700\,[\mathrm{A}]$$

となります．

磁界の大きさは，式 (9.8) より

$$H = \frac{NI}{l} = \frac{700}{0.7} = 1000\,[\mathrm{A/m}]$$

となります．

9.4 磁気回路と電気回路の対応

磁気回路は，電気回路と対応させて考えることができます（図 **9.3**）．この対応を利用することにより，磁気回路に電気回路のオームの法則などの基本法則を適用するこ

9.4 磁気回路と電気回路の対応

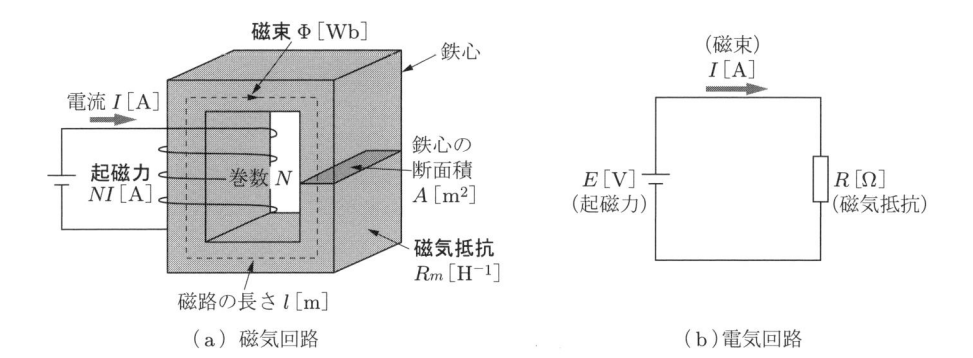

図 9.3 磁気回路と電気回路の対応

(a) 磁気回路

(b) 電気回路

表 9.2 磁気回路と電気回路の対応表

磁気回路	電気回路
起磁力　NI [A]	起電力　E [V]
磁束　Φ [Wb]	電流　I [A]
磁気抵抗　$R_m = \dfrac{l}{\mu A}$ [H^{-1}]	電気抵抗　$R = \rho \dfrac{l}{A}$ [Ω]
透磁率　μ [H/m]	導電率　$\sigma = \dfrac{1}{\rho}$ [S/m]

とができます．**表 9.2** は，磁気回路と電気回路の対応表です．

磁気回路と電気回路の具体的な対応例として，エアギャップ（隙間）のある磁気回路について説明します（**図 9.4** (a)）．

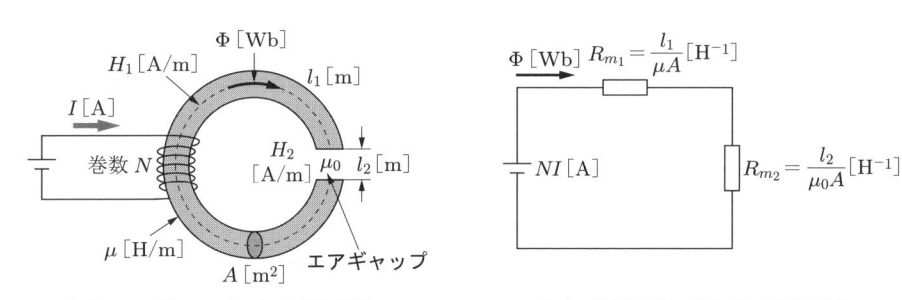

(a) エアギャップのある磁気回路

(b) 磁気回路に対応する電気回路

図 9.4 エアギャップのある磁気回路と対応する電気回路

透磁率 μ [H/m]，磁路の長さ l_1 [m]，断面積 A [m^2] の鉄心に，長さ l_2 [m] のエアギャップがあるとします．この場合の磁気回路は，鉄心の磁気抵抗 $R_{m_1} = l_1/\mu A$ [H^{-1}] と，エアギャップの磁気抵抗 $R_{m_2} = l_2/\mu_0 A$ [H^{-1}] の直列接続回路と考えることができま

す．磁気回路に対応する電気回路を図(b)に示します．

図(a)において，コイルの巻数を N，コイルに流す電流を I [A] とすると，起磁力は NI [A] となります．直列接続のときの合成抵抗はそれぞれの和で表されるので，コイルに生じる磁束を Φ [Wb] とすると，磁束 Φ は次式で表されます．

$$\Phi = \frac{NI}{R_{m_1} + R_{m_2}} = \frac{NI}{\dfrac{l_1}{\mu A} + \dfrac{l_2}{\mu_0 A}} \tag{9.9}$$

したがって，起磁力 NI は

$$NI = \Phi\left(\frac{l_1}{\mu A} + \frac{l_2}{\mu_0 A}\right) = \frac{l_1 \Phi}{\mu A} + \frac{l_2 \Phi}{\mu_0 A} \tag{9.10}$$

となります．ここで，$\Phi/A = B$ [Wb/m^2] なので，式 (9.10) は

$$NI = \frac{B}{\mu}l_1 + \frac{B}{\mu_0}l_2 \tag{9.11}$$

となります．さらに，$B/\mu = H_1$（鉄心中の磁界），$B/\mu_0 = H_2$（エアギャップの磁界）であるので，式 (9.11) は

$$NI = \frac{B}{\mu}l_1 + \frac{B}{\mu_0}l_2 = H_1 l_1 + H_2 l_2 \tag{9.12}$$

となります．$H_1 l_1$ は鉄心に磁束密度 B [T] を生じさせるのに必要な起磁力であり，$H_2 l_2$ はエアギャップに同じ磁束密度 B [T] を生じさせるのに必要な起磁力であると考えることができます．

したがって，それぞれの起磁力の総和が，磁気回路全体の起磁力 NI に等しいということができます．

例題 9.7 図 9.4 の磁気回路において，コイルの巻数 $N = 1200$，電流 $I = 2.5$ [A]，鉄心（比透磁率 $\mu_r = 1000$）の断面積 $A = 18$ [cm^2] と磁路の長さ $l_1 = 60$ [cm]，エアギャップの磁路の長さ $l_2 = 2$ [mm] としたとき，つぎの各問に答えなさい．ただし，空気の透磁率は真空の透磁率と等しいとする．

(1) 磁路の長さ l_1, l_2 の部分の磁気抵抗 R_{m_1}, R_{m_2} はいくらになるか答えなさい．
(2) 磁束 Φ [Wb] はいくらになるか答えなさい．
(3) 磁束密度 B [T] はいくらになるか答えなさい．
(4) 鉄心部分の磁界の強さ H_1 はいくらになるか答えなさい．

答

$R_{m_1} = 0.265 \times 10^6 \, [\text{H}^{-1}]$, $R_{m_2} = 0.884 \times 10^6 \, [\text{H}^{-1}]$, $\Phi = 2.61 \times 10^{-3} \, [\text{Wb}]$
$B = 1.45 \, [\text{T}]$, $H_1 = 1.154 \times 10^3 \, [\text{A/m}]$

解説

（1）式 (9.3) に値を代入します．

鉄心部分の磁気抵抗：

$$R_{m_1} = \frac{1}{\mu_0 \mu_r} \times \frac{l_1}{A} = \frac{1}{4\pi \times 10^{-7} \times 1000} \times \frac{60 \times 10^{-2}}{18 \times 10^{-4}}$$
$$= 0.265 \times 10^6 \, [\text{H}^{-1}]$$

エアギャップの磁気抵抗：

$$R_{m_2} = \frac{1}{\mu_0} \times \frac{l_2}{A} = \frac{1}{4\pi \times 10^{-7}} \times \frac{2 \times 10^{-3}}{18 \times 10^{-4}} = 0.884 \times 10^6 \, [\text{H}^{-1}]$$

（2）合成磁気抵抗：$R_m = R_{m_1} + R_{m_2} = 0.265 \times 10^6 + 0.884 \times 10^6 = 1.149 \times 10^6 \, [\text{H}^{-1}]$
式 (9.1) より，起磁力 $NI = 1200 \times 2.5 = 3000 \, [\text{A}]$ なので，式 (9.2) より，

磁束：$\Phi = \dfrac{NI}{R_m} = \dfrac{3000}{1.149 \times 10^6} = 2.61 \times 10^{-3} \, [\text{Wb}]$

となります．

（3）磁束密度：$B = \dfrac{\Phi}{A} = \dfrac{2.61 \times 10^{-3}}{18 \times 10^{-4}} = 1.45 \, [\text{T}]$

（4）鉄心部分の磁界の強さ：$H_1 = \dfrac{B}{\mu_0 \mu_r} = \dfrac{1.45}{4\pi \times 10^{-7} \times 1000} = 1.154 \times 10^3 \, [\text{A/m}]$

●●● 演習問題 ●●●

9.1 巻数 1600 のコイルに電流 $0.3 \, [\text{A}]$ を流すとき，起磁力はいくらになるか求めなさい．また，巻数 800 のコイルで同じ起磁力を生じさせるには，何 $[\text{A}]$ の電流を流せばよいか答えなさい．

9.2 比透磁率が 1200 であるケイ素鋼の透磁率を求めなさい．

9.3 図 9.2 において，コイルの巻数 $N = 8000$，電流 $I = 5 \, [\text{mA}]$，磁路の長さ $l = 0.6 \, [\text{m}]$，比透磁率 $\mu_r = 550$，磁路の断面積 $A = 1.4 \times 10^{-4} \, [\text{m}^2]$ のときの磁束密度 $B \, [\text{T}]$，磁束 $\Phi \, [\text{Wb}]$，磁界の大きさ $H \, [\text{A/m}]$ を求めなさい．

9.4 図 9.4 において，エアギャップの長さ $2 \, [\text{mm}]$，鉄心の磁路の長さ $0.8 \, [\text{m}]$，比透磁率 250 の鉄心を使用し，コイルが 8000 回巻かれている．鉄心内の磁束密度を $0.5 \, [\text{T}]$ にするためには，何 $[\text{A}]$ の電流を流せばよいか求めなさい．

10章　コイルに発生する起電力

磁石がつくる磁界中で，導線が巻かれたコイルを動かすと，コイルには起電力が誘起されます．その応用例として，手回し発電機や自転車のダイナモなどがあります．本章ではその原理を学びましょう．

10.1　電磁誘導

図 10.1 (a) に示すように，コイルに検流計を接続して磁石を配置します．磁石は動かさず，静止の状態にします（検流計は 2.5 節参照）．磁石から出た磁束の一部はコイルを貫通していますが，コイルに接続した検流計の針は振れていません．この状態から，図 (b) に示すように磁石をコイルに近づけたり遠ざけたりすると，コイルを貫通する磁束は増えたり減ったりします．このとき，検流計の針は，磁束の増減に対応してプラスまたはマイナス側に振れることになります．すなわち，磁石を近づけたときと遠ざけたときとでは，検流計に流れる電流の方向が逆になります．

これは，コイルに起電力が発生し，コイルと検流計との間に電流が流れたことによるものです．このような現象を**電磁誘導**といいます．また，磁束の変化によって生じる起電力を**誘導起電力** (induced electromotive force)，流れる電流を**誘導電流** (induced current) といいます．

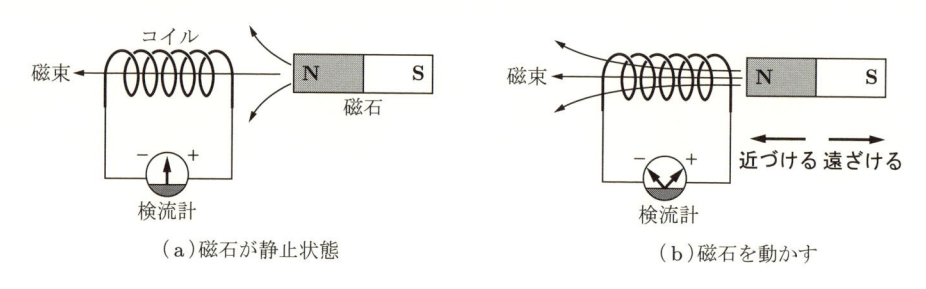

（a）磁石が静止状態　　　　（b）磁石を動かす

図 10.1　電磁誘導の原理

10.2 誘導起電力の大きさと向き

図 10.2 (a) に示すように，コイルに電流 I [A] を流したとき，図 (a) に示す向きに磁束 Φ [Wb] が生じるとします（右ねじの法則に従います）．ここで，図 (b) に示すように，このときの磁束 Φ [Wb]，電流 I [A]，起電力 E [V] の向きを「正」と定義します．

10.1 節で説明したように，磁束が変化すると誘導起電力が変化します．磁束の変化と誘導起電力の関係を示す，つぎのような法則があります（図 (c)）．

（a）電流と磁束の向き　　（b）正の向きとする　　（c）磁束が増加する場合

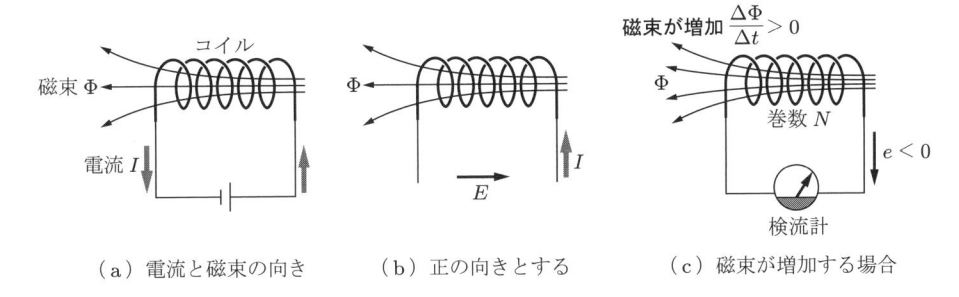

図 10.2　ファラデーの法則とレンツの法則

◇ 巻数 N のコイルを貫通する磁束 Φ [Wb] が，微小時間 Δt 秒間に $\Delta \Phi$ [Wb] だけ増加するとき，コイルに発生する誘導起電力 e [V] は巻数 N に比例し，磁束の時間的な変化 $\Delta \Phi / \Delta t$ に比例する

これを電磁誘導に関する**ファラデーの法則**（Faraday's law）といいます．ここで，誘導起電力 e [V] の向きは，起電力 E [V] に対して逆になります．

また，誘導起電力が生じる向きについて，つぎの**レンツの法則**（Lenz's law）があります．

◇ 誘導起電力は，これによって生じる電流がコイル内の磁束の変化を妨げる向きに発生する

図 (c) のように，磁束が増加するときに発生する誘導起電力 e の向きは，図 (b) で定義した起電力の向き（正の向き）と逆になります．

ファラデーの法則とレンツの法則をまとめると，誘導起電力は次式のように表されます．

$$e = -N \frac{\Delta \Phi}{\Delta t} \tag{10.1}$$

これは，コイルの巻数 N が大きいほど，また，磁束 Φ [Wb] の変化（$\Delta\Phi/\Delta t$）が急速なほど，大きな誘導起電力 e [V] が生じることを示しています．また，マイナスの符号は，図 (b) で示した正の向きに対して逆向きの誘導起電力が発生していることを意味しています．誘導起電力の大きさそのものは，

$$e = \left|-N\frac{\Delta\Phi}{\Delta t}\right| = N\frac{\Delta\Phi}{\Delta t}$$

となります．

ここで，巻数 N と磁束 Φ [Wb] の積 $N\Phi$ [Wb] を，**磁束鎖交数**といいます．このとき，式 (10.1) を

$$e = -\frac{\Delta(N\Phi)}{\Delta t} \tag{10.2}$$

のように表すことができ，磁束鎖交数の変化（$\Delta(N\Phi)/\Delta t$）が急速なほど，大きな誘導起電力が生じると考えることもできます．

例題 10.1 図 10.2 (c) において，磁石をコイルから遠ざけると，コイルに発生する誘導起電力の向きはどうなるか答えなさい．

答

図 10.3 のように，誘導起電力の方向は図 10.2 (c) とは逆になる．

解説

磁石をコイルから遠ざけると，コイルを貫通する磁束 Φ [Wb] は減少します（図 10.3）．このときの磁束 Φ [Wb] の時間的変化率は $\Delta\Phi/\Delta t$ となります．誘導起電力 e [V] の方向は図のようになり，磁束が増加する場合の図 10.2 (c) とは逆になります．検流計の針の振れは，磁束の増減に応じてたがいに逆に振れます．

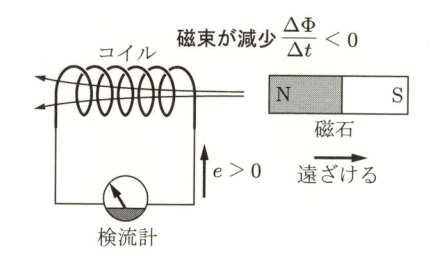

図 10.3 コイルから磁石を遠ざける

例題 10.2 図 10.2 (c) において，コイルの巻数を $N = 500$ とする．コイルを貫通する磁束 Φ が 1 [ms] 間に 6×10^{-3} [Wb] だけ増加すると，1 [ms] 間の磁束鎖交数はどれだけ変化するか求めなさい．また，このときコイルに発生する誘導起電力は何 [V] になるか答えなさい．

答

3 [Wb] 増加する．3000 [V]

解説

1 [ms] 間の磁束鎖交数の増加は，

$$N\Phi = 500 \times 6 \times 10^{-3} = 3\,[\text{Wb}]$$

となります．

コイルに発生する誘導起電力は，ファラデーの法則の式 (10.2) より，

$$e = -\frac{\Delta(N\Phi)}{\Delta t} = -\frac{3}{1 \times 10^{-3}} = -3000\,[\text{V}]$$

のように得られます．計算には誘導起電力の方向を示すマイナスの符号がつきますが，誘導起電力の大きさとしては，3000 [V] です．

10.3 直線状導体に発生する誘導起電力

直線状導体 a〜c を平面状に配置し，導体 a，b は平行に，導体 c は垂直に交わるように置きます（図 10.4 (a)）．導体 a，b 間の距離は $l\,[\text{m}]$ とします．また，導体 a，b のそれぞれの端には検流計を接続し，導体 c とで閉回路を構成します．

平面と垂直方向に磁束密度 $B\,[\text{T}]$ の平等磁界を加えて，導体 c を図のように速度 $u\,[\text{m/s}]$ で平行移動させたときに発生する誘導起電力の大きさと向きを考えてみましょう．

導体 c の移動速度（方向）は，図 (a) の向きを正とします．速度が $u > 0$ のときは閉回路の面積が増加するので，閉回路内の磁束は増加して $\Delta\Phi/\Delta t > 0$ となり，$u < 0$ のときは閉回路内の磁束の変化は $\Delta\Phi/\Delta t < 0$ となります．誘導起電力の正の向きは，図 10.2 (b) で定義したように，閉回路内の磁束 Φ と同じ向きに磁束を生じる電流の向きと同じになります．

式 (10.1) から，導体 c が移動する速度 $u\,[\text{m/s}]$，磁束の変化 $\Delta\Phi/\Delta t$ の向きと誘導起電力 $e\,[\text{V}]$ の向きの間にはつぎのような関係があります．

$$u > 0 \text{ のとき：} \quad \frac{\Delta\Phi}{\Delta t} > 0 \text{ となるので } e < 0$$

$$u < 0 \text{ のとき：} \quad \frac{\Delta\Phi}{\Delta t} < 0 \text{ となるので } e > 0$$

誘導起電力 $e\,[\text{V}]$ は，磁束密度 $B\,[\text{T}]$，磁束を切る導体（図 10.4 (a) では導体 c）の長さ $l\,[\text{m}]$，導体が移動する速度 $u\,[\text{m/s}]$ の積に比例し，次式で表されます．

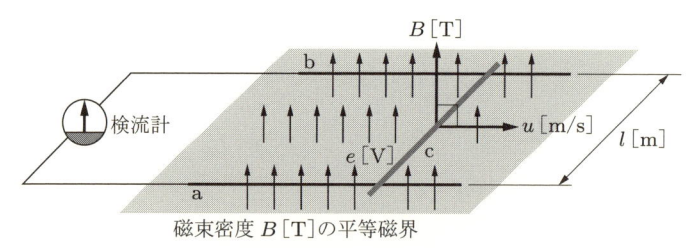

(a) 直線状導体にはたらく誘導起電力

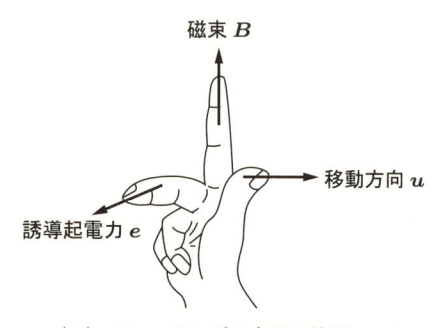

(b) フレーミングの右手の法則

図 10.4 誘導起電力とフレーミングの右手の法則

$$e = -\frac{\Delta \Phi}{\Delta t} = -Blu \tag{10.3}$$

図(b)は，図(a)のそれぞれの向きを右手で表現したもので，つぎの法則としてまとめられます．

◇ 右手の親指，人差し指，中指をそれぞれ直交するように開き，親指を導体が移動する向きに，人差し指を磁界の向きに向けると，中指の向きは誘導起電力の向きと一致する

このことを，**フレーミングの右手の法則**（Fleming's right-hand rule）といいます．

例題 10.3 図 10.4 (a) において，磁束密度を $B = 0.2\,[\mathrm{T}]$，導体 c の長さを $l = 0.6\,[\mathrm{m}]$，導体の移動する速度を $u = 15\,[\mathrm{m/s}]$ とするとき，誘導起電力 $e\,[\mathrm{V}]$ の大きさはいくらになるか求めなさい．

答
$1.8\,[\mathrm{V}]$

解説

式 (10.3) より，

$$e = -Blu = -0.2 \times 0.6 \times 15 = -1.8\,[\text{V}]$$

が得られます．誘導起電力の大きさとしては，1.8 [V] となります．

例題 10.4 磁束密度 $B = 0.4\,[\text{T}]$ の平等磁界中に長さ $l = 50\,[\text{cm}]$ の導体を置き，これを速度 $u = 10\,[\text{cm/s}]$ で動かした（図 **10.5**）．このとき，導体に発生する誘導起電力の大きさを求めなさい．また，誘導起電力の向きについても答えなさい．

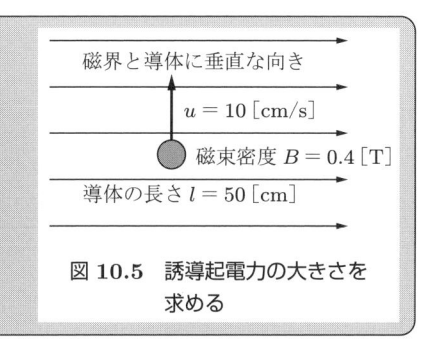

図 10.5　誘導起電力の大きさを求める

答

0.02 [V]，向きは紙面表側から裏側になる（⊗，クロス）．

解説

式 (10.3) より，

$$\begin{aligned}e &= -Blu \\ &= -0.4 \times 0.5 \times 0.1 \\ &= -0.02\,[\text{V}]\end{aligned}$$

が得られます．

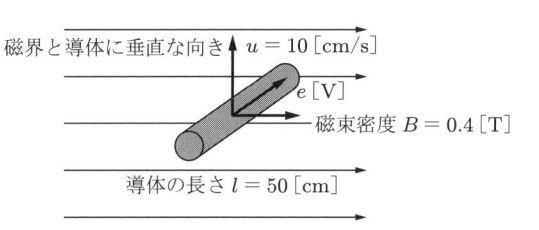

図 10.6　フレーミングの右手の法則を適用

導体に発生する誘導起電力の向きは，フレーミングの右手の法則から，紙面表側から裏に向かう方向（⊗，クロス）になります（図 **10.6**）．

10.4　導体の運動方向と誘導起電力

直線状導体の動く方向が，磁束の方向に対して直角ではなく，ある角度をなす場合について考えましょう．図 **10.7** に示すように，磁束密度 $B\,[\text{T}]$ の向きを x 軸方向とし，z 軸方向に置かれた直線状導体が運動する向きは x–y 平面上で，x 軸方向となす角が θ で表される向きとします．

10章　コイルに発生する起電力

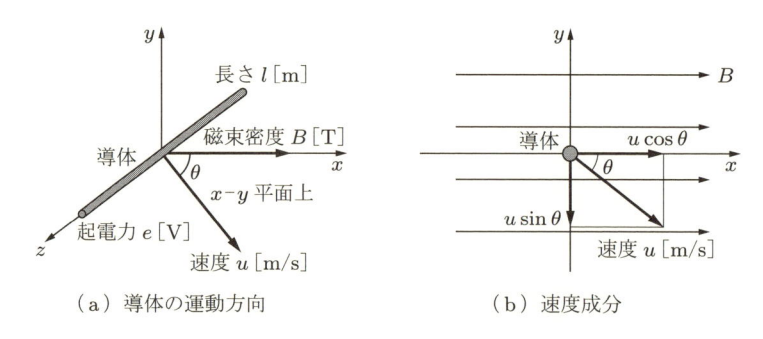

(a) 導体の運動方向

(b) 速度成分

図 10.7　導体の運動方向と速度成分

長さ l [m] の導体が速度 u [m/s] で磁界中を運動するとき，図 (b) に示すように，磁束密度 B [T] と垂直な向きの速度成分は $u\sin\theta$ [m/s] となるので，誘導起電力の大きさ e [V] は次式で与えられます．

$$e = -Blu\sin\theta \tag{10.4}$$

例題 10.5　図 10.7 (b) と同様に，磁束密度 $B = 0.8$ [T] の平等磁界の向きを x とし，z 軸方向に長さ $l = 60$ [cm] の直線状導体が置いてある．この導体を磁界の向きに対して，$30°$ の向きに 15 [m/s] の速度で動かした場合の誘導起電力 e [V] の大きさを求めなさい．

答
3.6 [V]

解説
式 (10.4) より，

$$e = -Blu\sin\theta = -0.8 \times 0.6 \times 15 \times 0.5 = -3.6 \,[\text{V}]$$

が得られます．誘導起電力の大きさとしては，3.6 [V] となります．

●●● 演習問題 ●●●

10.1 図 10.8 のように，磁石がつくる磁極間に，直線状導体が紙面と垂直に置かれている．導体を矢印の向きに移動させるときに導体に生じる誘導起電力の向きは，紙面に対して ⊙（ドット）か ⊗（クロス）かを答えなさい．

10.2 図 10.9 のように，磁束密度 0.5 [T] の平等磁界中に，長さ 20 [cm] の直線状導体を置

いた．この導体を磁界に対して 45° の向きに速度 50 [cm/s] で動かしたとき，導体に発生する誘導起電力の大きさを求めなさい．

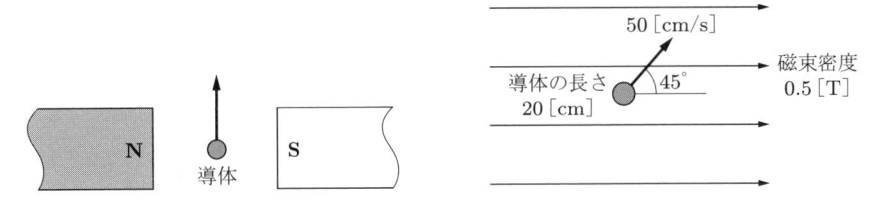

図 10.8　磁極間に直線状導体を置く　　図 10.9　導体を磁界に対して 45° の向きに動かす

11章 交流回路の基本を学ぼう

1～5章で扱った電源は，電圧や電流の向きが一定の直流電源でした．これに対して，一般の家庭用コンセントの電圧は，大きさや向きが変化する交流電圧です．本章では，交流回路の電圧，電流を表す方法として，瞬時値，ベクトル表示，複素数表示について説明します．

11.1 正弦波交流の周期，最大値，実効値

時間の経過とともに，大きさと向きが周期的に変化する電圧のことを**交流電圧**といいます．電気回路内の電圧が周期的に変化すると，同じく電流も周期的に変化します．これを**交流電流** (alternating current：AC) といいます．交流電圧，交流電流のことを一般に**交流**とよび，交流を扱う電気回路のことを**交流回路**といいます．

交流では，電流あるいは電圧の大きさと向きが時間とともに時々刻々と変化しており，その時間的な変化を図で表したものを波形といいます．交流の波形にはさまざまな形状がありますが，波形が正弦曲線になっている交流を**正弦波交流**といいます．一般的な家庭用コンセントから供給される電源は正弦波交流となっています．

図 11.1 (a)は交流電源に抵抗をつないだ交流回路を，図(b)は交流電流の波形を示しています．電流値が正のときは，回路中で抵抗に流れる電流の向きは上から下になり，一定時間経過後に，電流値が負になったときには電流は下から上の向きに流れています．同様に，抵抗の両端電圧は，電流値が正のときは上側の電位が高く，負になると下側の電位が高くなります．交流では，一定時間ごとにこれを繰り返しています．

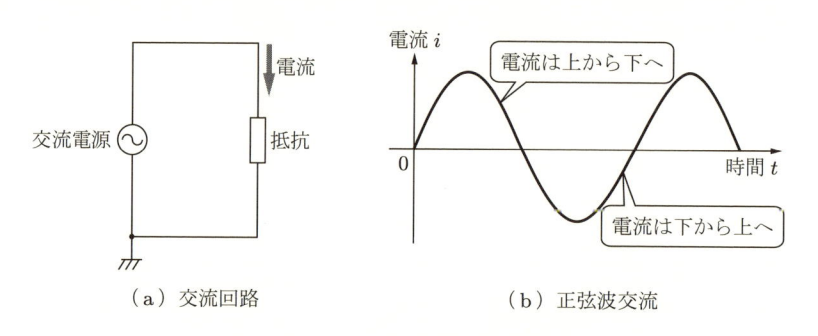

(a) 交流回路 　　(b) 正弦波交流

図 11.1　交流回路と正弦波交流

11.1 正弦波交流の周期，最大値，実効値

交流のある瞬間における値を**瞬時値**といいます．交流電流の波形を**図 11.2**に示します．時間を決めると，瞬時値が一意に決まることがわかります．交流の瞬時値は小文字で表され，電流の場合は i [A]，電圧の場合は v [V] が用いられます．瞬時値は時間の経過とともに変化しますが，瞬時値の絶対値が最大となるとき，その値を**最大値**あるいは**振幅**とよびます．電流の最大値の表記には I_m [A]，電圧の最大値には V_m [V] を用います．

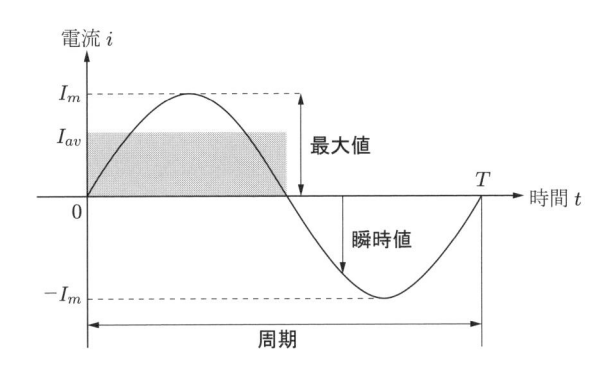

図 11.2 正弦波交流の瞬時値，最大値，周期

瞬時値がゼロから正の最大値となった後にゼロとなり，さらに負の最大値になってふたたびゼロになるのに要する時間 T [s] を**周期**とよびます．周期 T の逆数は 1 周期の波形が 1 秒間に現れる回数を意味し，これを**周波数**とよびます．周波数は通常は f で表され，単位には**ヘルツ** (hertz, 記号 Hz) が用いられます．家庭用電源の周波数は，50 [Hz] あるいは 60 [Hz] です．周期 T [s] と周波数 f [Hz] の間には，つぎの関係が成り立ちます．

$$T = \frac{1}{f} \tag{11.1}$$

交流波形の瞬時値を 1 周期にわたって平均した値を**平均値**とよび，電流の平均値を I_{av} [A]，電圧の平均値を V_{av} [V] で表します．正弦波交流の場合には，1 周期での平均値はゼロになるため，正の半周期について平均します．図 11.2 に示すように，正弦波交流の場合，正の半周期の波形の面積と，平均値×半周期の長方形の面積は等しくなっています．正弦波交流では，平均値と最大値の間にはつぎの関係が成り立ちます．

$$\left. \begin{array}{l} I_{av} = \dfrac{2}{\pi} I_m = 0.637\, I_m \\[6pt] V_{av} = \dfrac{2}{\pi} V_m = 0.637\, V_m \end{array} \right\} \tag{11.2}$$

交流の大きさを表す値として重要なものに**実効値**があります．電流の実効値は $I\,[\mathrm{A}]$，電圧の実効値は $V\,[\mathrm{V}]$ で表されます．実効値は，交流が時間あたりにどれくらいの仕事をするかで求めることができます．

電気回路に交流を流すことで，ある電力量が使われたとします．このときの電力量と等しくなるような直流の大きさを，交流の実効値として定義します．交流電流の実効値は，

$$I = \sqrt{\frac{1}{T}\int_0^T i^2 \mathrm{d}t} \tag{11.3}$$

で計算することができます．**図 11.3** に示すように，正弦波交流では，i^2 を1周期あたりで時間平均した値の平方根となります．

実効値と最大値の間にはつぎの関係が成り立ちます．家庭用電源の電圧は通常 $100\,[\mathrm{V}]$ ですが，これは実効値を示しています．

$$\left.\begin{aligned} I &= \frac{1}{\sqrt{2}} I_m = 0.707\, I_m \\ V &= \frac{1}{\sqrt{2}} V_m = 0.707\, V_m \end{aligned}\right\} \tag{11.4}$$

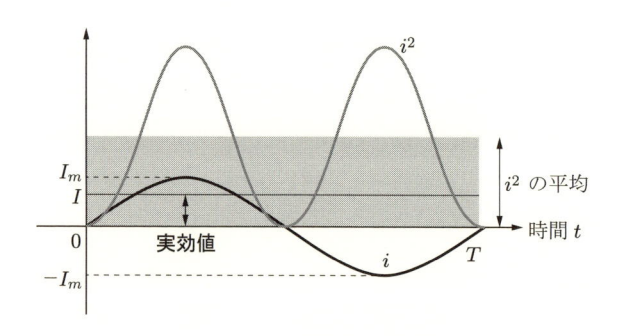

図 11.3 正弦波交流の実効値

例題 11.1 実効値 $V = 100\,[\mathrm{V}]$ の交流電圧の最大値と平均値を求めなさい．

答
最大値 $141\,[\mathrm{V}]$，平均値 $90\,[\mathrm{V}]$

解説

式 (11.4) より,最大値は

$$V_m = \sqrt{2}V = 100\sqrt{2} = 141\,[\mathrm{V}]$$

となります.また,式 (11.2) より,平均値は

$$V_{av} = \frac{2}{\pi}V_m = \frac{2}{\pi} \times 141.4 = 90\,[\mathrm{V}]$$

となります.

11.2 正弦波交流の角周波数,位相

正弦波交流の波形は,**図 11.4** に示すように,長さが I_m の径が反時計回りに一定の速度で回転しているときの,y 軸上への射影の時間的変化として図示できます.径が 1 周すると,角度が $360°$ 進んだことになります.角度は,単位を**ラジアン** (radian, 記号 rad) とする弧度法で表すこともでき,このときの 1 周の角度は $2\pi\,[\mathrm{rad}]$ となります.また,正弦波形の変化の時間は,径が回転する速さよって定まります.径の回転の速さを 1 秒あたりの回転角で表記したものを角速度または**角周波数**とよび,$\omega\,[\mathrm{rad/s}]$ で表します.径が 1 周すなわち $2\pi\,[\mathrm{rad}]$ 進むのにかかる時間が周期 $T\,[\mathrm{s}]$ であるとき,角周波数は次式で表すことができます.

$$\omega = \frac{2\pi}{T} \tag{11.5}$$

また,式 (11.1) より,周期 $T\,[\mathrm{s}]$ の正弦波は 1 秒間に f 回転しているので,角周波数を次式のように表すこともできます.

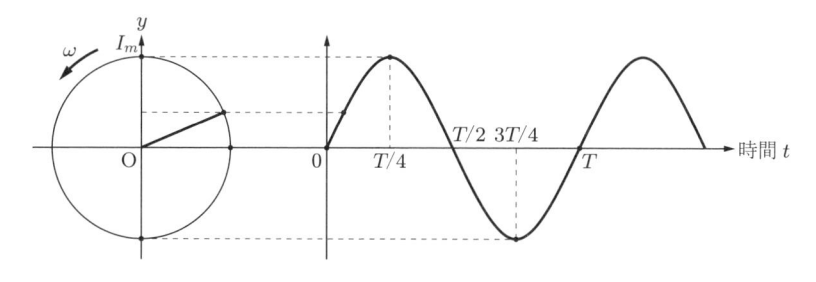

図 11.4 正弦波交流

$$\omega = 2\pi f \tag{11.6}$$

正弦波交流の瞬時値 i [A] は，最大値 I_m [A]，角周波数 ω [rad/s]，時間 t [s] を用い，つぎのように表すことができます．瞬時値は $t = 0, T/2, T, 3T/2, \cdots$ のときゼロとなり，$t = T/4, 5T/4, \cdots$ のとき正の最大値 I_m [A]，$t = 3T/4, 7T/4, \cdots$ のとき負の最大値 $-I_m$ [A] となります．

$$i = I_m \sin \omega t \tag{11.7}$$

図 11.5 の正弦波 i_1, i_2, i_3 は $t = 0$ のときの角度が異なるため，電流波形がずれています．$t = 0$ のときの径と基準方向（横軸正の向き）のなす角度を**位相**とよび，θ で表します．位相の単位は，°（度）あるいは rad（**ラジアン**）です．i_1, i_2, i_3 の位相はそれぞれ，$0, \theta_1, -\theta_2$ となり，瞬時値は式 (11.8) のように表されます．二つの波形のずれを**位相差**といい，i_1 と i_2 の位相差は θ_1，i_1 と i_3 の位相差は θ_2 となります．また，波形の変化を時間でみたときには，i_2 のほうが i_1 よりも位相が θ_1 進んでおり，一方で，i_3 のほうが i_1 よりも位相が θ_2 遅れています．

$$\left.\begin{array}{l} i_1 = I_m \sin \omega t \\ i_2 = I_m \sin(\omega t + \theta_1) \\ i_3 = I_m \sin(\omega t - \theta_2) \end{array}\right\} \tag{11.8}$$

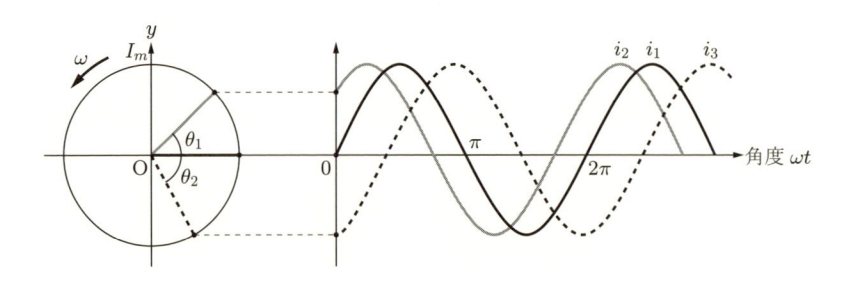

図 11.5　正弦波交流の位相

例題 11.2　瞬時値 $v = 50 \sin(628.3t + 30°)$ [V] の交流電圧の実効値，周波数，周期を求めなさい．また，v と周波数が同じで位相が 90° 遅れている実効値 5 [A] の交流電流 i の瞬時値の式を示しなさい．

答

実効値 35.4 [V]，周波数 100 [Hz]，周期 0.01 [s]，瞬時値 $i = 7.07 \sin(628.3t - 60°)$ [A]

解説

式 (11.4) より，実効値は

$$V = \frac{V_m}{\sqrt{2}} = \frac{50}{\sqrt{2}} = 35.4\,[\mathrm{V}]$$

式 (11.6) より，周波数は

$$f = \frac{\omega}{2\pi} = \frac{628.3}{2\pi} = 100\,[\mathrm{Hz}]$$

式 (11.1) より，周期は

$$T = \frac{1}{f} = \frac{1}{100} = 0.01\,[\mathrm{s}]$$

となります．また，v よりも i の位相が遅れているため，

$$\begin{aligned}i &= 5\sqrt{2}\sin\left(628.3t - 60°\right) \\ &= 7.07\sin\left(628.3t - 60°\right)\,[\mathrm{A}]\end{aligned}$$

となります．

11.3 正弦波交流のフェーザ表示と複素数表示

交流回路において，正弦波交流の電流 i と電圧 v の瞬時値は次式のように表すことができます．

$$\left.\begin{aligned}i &= I_m\sin\left(\omega t + \theta_i\right) \\ v &= V_m\sin\left(\omega t + \theta_v\right)\end{aligned}\right\} \quad (11.9)$$

交流波形を決めるには，大きさ（I_m と V_m），角周波数 ω，位相（θ_i と θ_v）の三つが必要です．一般に使用される正弦波交流では，周波数は一定のため，角周波数も固定されます．したがって，交流を表現するのには大きさと位相だけでよくなります．そこで，交流を次式のように表します．

$$\left.\begin{aligned}\dot{I} &= I\angle\theta_i \\ \dot{V} &= V\angle\theta_v\end{aligned}\right\} \quad (11.10)$$

このような表現方法を**フェーザ表示**といいます．$\dot{I}, \dot{V}$ のように，文字の上に「˙」（ドッ

ト）をつけたものは，大きさと向きをもったベクトルであることを示しています．交流のフェーザ表示で注意すべきことは，大きさは最大値ではなく実効値であること，位相を向きで表していることです．

図 11.6 に式 (11.10) のフェーザ図を示します．正弦波交流をフェーザ表示することにより，交流の大きさや位相のずれから，電流や電圧の関係について直感的に理解することができます．

つぎに，正弦波交流の複素数による表記方法を説明します．ベクトルの表し方には，直交座標を使ったものと極座標を使ったものがあります．フェーザ表示が極座標形式なのに対し，複素数表示は直交座標形式となります．正弦波交流では横軸を実軸，縦軸を虚軸とする複素平面を使って表します．

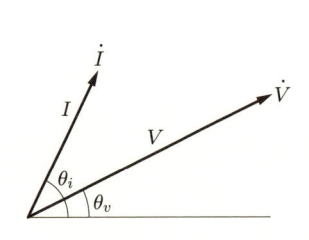

図 11.6 正弦波交流のフェーザ表示 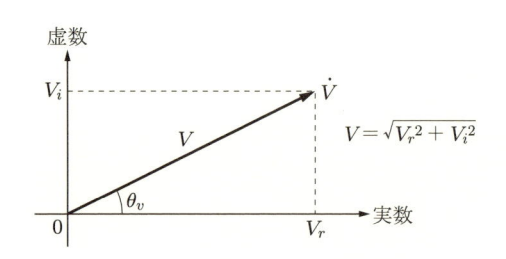　　**図 11.7** 正弦波交流の複素数表示

フェーザ表示と複素数表示の対応関係を**図 11.7** に示します．フェーザ表示から複素数表示への変換は，次式のように表されます．

$$\begin{aligned}\dot{V} &= V_r + jV_i \\ &= V\cos\theta_v + jV\sin\theta_v\end{aligned} \tag{11.11}$$

ここで，$j^2 = -1$ を満たす j を虚数単位といい，V_r を実部，V_i を虚部といいます．複素数表示からフェーザ表示への変換は次式のように表されます．

$$\begin{aligned}\dot{V} &= V\angle\theta_v \\ &= \sqrt{V_r^2 + V_i^2}\angle\tan^{-1}\frac{V_i}{V_r}\end{aligned} \tag{11.12}$$

11.3　正弦波交流のフェーザ表示と複素数表示　　93

例題 11.3 つぎの電圧 v と電流 i の瞬時値を，フェーザ表示および複素数表示しなさい．また，それぞれのフェーザ図を表示しなさい．
(1) $v = 10\sin(\omega t - 45°)$ [V]
(2) $i = 10\sqrt{2}\sin(\omega t + 90°)$ [A]

答
(1) $\dot{V} = 7.07\angle -45°$ [V]，$\dot{V} = 5 - j5$ [V]
(2) $\dot{I} = 10\angle 90°$ [A]，$\dot{I} = j10$ [A]．
フェーザ図は，図 **11.8** のとおり．

解説
式 (11.10)，(11.11) より，
(1) $\dot{V} = \dfrac{10}{\sqrt{2}}\angle -45° = 7.07\angle -45°$ [V]
$= 7.07\cos(-45°) + j7.07\sin(-45°) = 5 - j5$ [V]
(2) $\dot{I} = \dfrac{10\sqrt{2}}{\sqrt{2}}\angle 90° = 10\angle 90°$ [A]
$= 10\cos 90° + j10\sin 90° = j10$ [A]
となります．また，フェーザ図は図 11.8 のようになります．

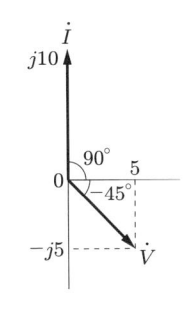

図 **11.8**　フェーザ図

例題 11.4 つぎの複素数表示された値を瞬時値の式で表しなさい．ただし，周波数は 60 [Hz] とする．
(1) $\dot{V} = \sqrt{3} + j$ [V]
(2) $\dot{I} = 6 - j8$ [A]

答
(1) $v = 2\sqrt{2}\sin(120\pi t + 30°)$ [V]
(2) $i = 10\sqrt{2}\sin(120\pi t - 53.1°)$ [A]

解説
式 (11.6) より，角周波数は
$$\omega = 2\pi f = 2\pi \times 60 = 120\pi \text{ [rad/s]}$$
となります．したがって，式 (11.12)，(11.9) より，
(1) $\dot{V} = \sqrt{(\sqrt{3})^2 + 1^2}\angle \tan^{-1}\dfrac{1}{\sqrt{3}} = 2\angle 30°$
$v = 2\sqrt{2}\sin(120\pi t + 30°)$ [V]
(2) $\dot{I} = \sqrt{6^2 + (-8)^2}\angle \tan^{-1}\dfrac{(-8)}{6} = 10\angle -53.1°$
$i = 10\sqrt{2}\sin(120\pi t - 53.1°)$ [A]
となります．

●●● 演習問題 ●●●

11.1 図 11.9 の正弦波交流電圧波形 v_1 と v_2 について，つぎの各問いに答えなさい．
  (1) 周期 T [s]，周波数 f [Hz]，角周波数 ω [rad/s] を求めなさい．
  (2) 最大値 V_{m1} [V] と V_{m2} [V]，および実効値 V_1 [V] と V_2 [V] を求めなさい．
  (3) 位相 θ_1 と θ_2 を求め，v_1 と v_2 の瞬時値の式を導きなさい．
  (4) v_1 と v_2 の位相の関係を述べなさい．
  (5) v_1 と v_2 をフェーザ表示し，フェーザ図を描きなさい．

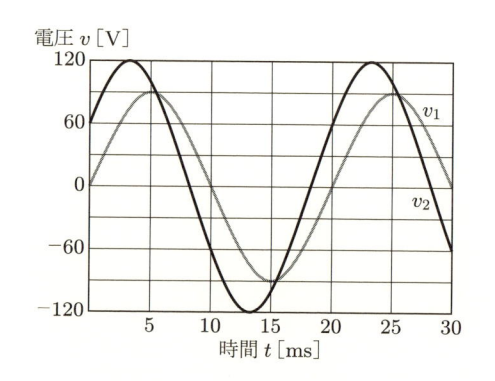

図 11.9 正弦波交流電圧

11.2 つぎの複素数で表示された電流を瞬時値の式で表し，それぞれの波形を描きなさい．ただし，周波数は 50 [Hz] とする．
  (1) $\dot{I}_1 = 5 + j8.66$
  (2) $\dot{I}_2 = 10.6 + j10.6$

12章 コイルのはたらき

コイルに流れる電流が変化することによって起電力が発生します．また，一つのコイルに流れる電流を変化させることによって，隣接したもう一つのコイルに起電力が発生します．この応用として，変圧器があります．本章では，コイル間の相互誘導や相互インダクタンス，変圧器の原理について説明します．

12.1 自己誘導と自己インダクタンス

10章では磁石を近づけることによって磁束 Φ を変化させたのに対して，本章では電流 I を変化させることによる磁束 Φ の変化を考えます．ですが，磁束 Φ を変化させるという点は同じですので，同じように考えることができます．

図 12.1 に示すように，導線をコイル状に巻き，その導線に電流を流すと，コイルを貫通する磁束 Φ が発生します．このコイルに流れる電流の値が時間変化すると，磁束も変化して磁束の変化を妨げるように誘導起電力が発生します．この現象のことを**自己誘導**とよびます．

誘導起電力は，微小時間 Δt [s] の間に巻数 N のコイルを貫通する磁束が $\Delta \Phi$ [Wb] だけ変化するとき，式 (10.1) のように表されました．ただし本章では，誘導起電力を v_L で表すことにします．ここで，Δt [s] の間に電流が ΔI [A] 変化することで，磁束が $\Delta \Phi$ [Wb] 変化したとします．$\Delta \Phi$ は ΔI に比例するため，式 (10.1) は次式のように表すことができます．

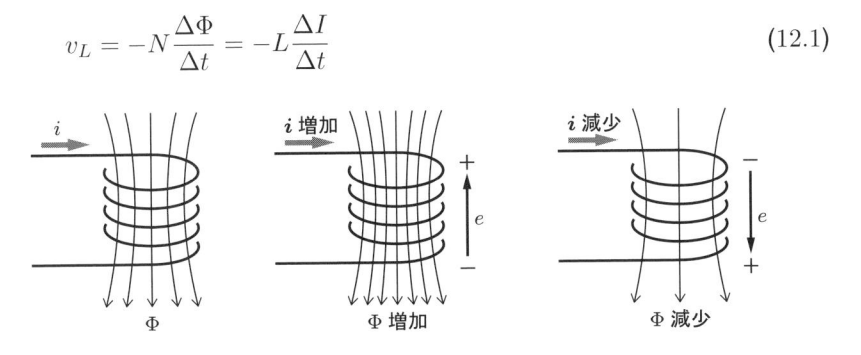

$$v_L = -N \frac{\Delta \Phi}{\Delta t} = -L \frac{\Delta I}{\Delta t} \tag{12.1}$$

図 12.1 自己誘導と誘電起電力

コイルの形状，巻数，心の物質などで決まる比例定数 L のことを**自己インダクタンス**とよびます．自己インダクタンスの単位には**ヘンリー** (henry，記号 H) を用います．自己インダクタンスは，次式のように与えられます．

$$L = \frac{N\Phi}{I} = BN^2 \tag{12.2}$$

比例定数 B はコイルに挿入する鉄心の材料と構造，寸法で決まります．また，式 (12.1) の Δt を十分に小さくすると，次式のように微分を用いて表すことができます．

$$v_L = -L\frac{di}{dt} \tag{12.3}$$

図 12.2 (a) に示すように，自己インダクタンス L [H] のコイルに交流電源を接続し，正弦波交流 $i = \sqrt{2}I\sin\omega t$ [A] が流れているとします．このとき，コイルには誘導起電力 v_L [V] が発生し，その v_L は次式で表すことができます．

$$\begin{aligned}
v_L &= -L\frac{di}{dt} = -L\frac{d}{dt}(\sqrt{2}I\sin\omega t) \\
&= -L\sqrt{2}\omega I\cos\omega t = -\sqrt{2}\omega LI\sin\left(\omega t + \frac{\pi}{2}\right)
\end{aligned} \tag{12.4}$$

コイルの端子電圧 v [V] は交流電源 e [V] と等しく，かつキルヒホッフの第 2 法則より $e + v_L = 0$ であるため，コイルの端子電圧は次式で表されます．

$$v = -v_L = \sqrt{2}\omega LI\sin\left(\omega t + \frac{\pi}{2}\right) \tag{12.5}$$

コイルに流れる電流 i と電圧 v の波形は図 (b) のようになり，電圧のほうが電流より

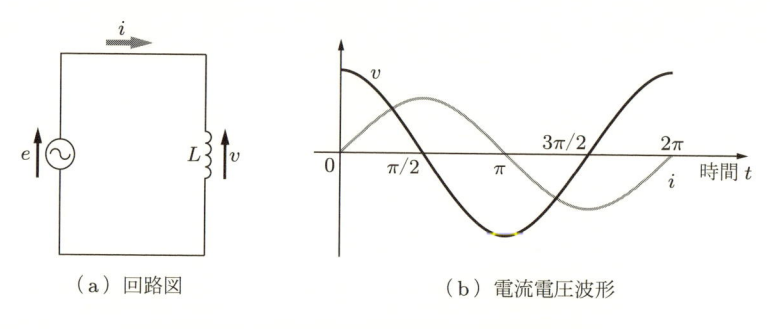

図 12.2 インダクタンス回路と電流電圧波形

も位相が進んでいることがわかります．また，電圧の実効値は電流の ωL 倍となっています．

インダクタンスを接続した交流回路ではつぎの関係が成り立ちます．

$$\left.\begin{array}{l} V = \omega L I \\ \theta_v = \theta_i + \dfrac{\pi}{2} = \theta_i + 90° \end{array}\right\} \tag{12.6}$$

電流と電圧のフェーザ表示は次式のようになり，フェーザ図で表すと，**図 12.3** のようになります．

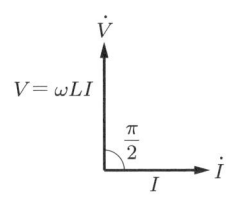

$$\left.\begin{array}{l} \dot{I} = I\angle 0 = I\angle 0° \\ \dot{V} = V\angle \dfrac{\pi}{2} = V\angle 90° \end{array}\right\} \tag{12.7}$$

図 12.3 コイルを接続した交流回路における $\dot{V}$ と $\dot{I}$ のフェーザ図

例題 12.1 自己インダクタンス $L = 0.5\,[\mathrm{H}]$ のコイルに，$i = 10\sqrt{2}\sin(20t - 60°)\,[\mathrm{A}]$ の交流電流が流れているとき，コイルに発生する誘導起電力 v_L を求めなさい．

答

$v_L = -100\sqrt{2}\sin(20t + 30°)\,[\mathrm{V}]$

解説

式 (12.3)，(12.5) より，

$$\begin{aligned} v_L &= -L\frac{\mathrm{d}i}{\mathrm{d}t} = -0.5 \times \frac{\mathrm{d}}{\mathrm{d}t}\{10\sqrt{2}\sin(20t - 60°)\} \\ &= -0.5 \times 10\sqrt{2} \times 20\cos(20t - 60°) \\ &= -100\sqrt{2}\sin(20t + 30°)\,[\mathrm{V}] \end{aligned}$$

となります．

12.2 相互誘導と相互インダクタンス

図 12.4 に示すように，二つのコイルが近接して置かれている状況を考えます．コイル 1 に流れる電流 I_1 によって発生した磁束 Φ_1 の一部は，そのままコイル 2 の内部も通って磁束 Φ_2 となります．この状況で I_1 が変化すると，Φ_1 の変化に応じて Φ_2 も変化し，それにより誘導起電力 v_{L2} が発生します．このように，コイルに流れる電流が変化することで，ほかのコイルに起電力を誘導する現象を**相互誘導**とよびます．

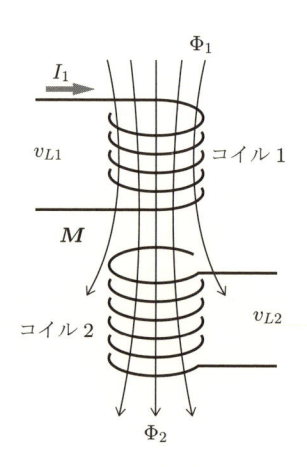

図 12.4 相互誘導と相互インダクタンス

微小時間 Δt [s] の間にコイル 1 を流れる電流が ΔI_1 [A] だけ変化し，それに伴い，コイル 2 を貫通する磁束が $\Delta \Phi_2$ [Wb] だけ変化したとすると，相互誘導による起電力 v_{L2} は，コイル 2 の巻数 N_2 を用いて次式のように示されます．

$$v_{L2} = -N_2 \frac{\Delta \Phi_2}{\Delta t} = -M \frac{\Delta I_1}{\Delta t} \tag{12.8}$$

ここで，M は比例定数であり，**相互インダクタンス**とよばれます．相互インダクタンスの単位には，自己インダクタンスと同じヘンリーを用います．M は二つのコイルの状態によって決まる値であり，片方のコイルの電流の変化によってもう一方のコイルに発生する起電力の大きさを表します．

つぎに，図 12.5 に示すように，環状鉄心に巻かれた二つのコイルの相互インダクタンスを求めましょう．コイル 1 の巻数を N_1，コイル 2 の巻数を N_2 とします．コイル 1 に電流 I_1 が流れるとき，鉄心内に生じる磁束 Φ_1 [Wb] は，鉄心の磁路長を l [m]，断面積を A [m^2] とすると，式 (9.4) より次式のようになります．

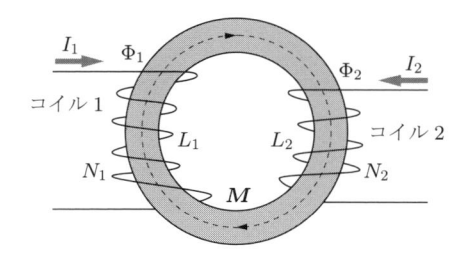

図 12.5 　相互インダクタンス

$$\Phi_1 = \frac{\mu A N_1 I_1}{l} \tag{12.9}$$

また，鉄は透磁率 μ が大きいため，磁束は鉄心内のみを通り，二つのコイルの磁束は等しくなります（$\Phi_1 = \Phi_2$）．そのため，式 (12.8)，(12.9) より，相互インダクタンスは次式で示されます．

$$M = N_2 \frac{\Delta \Phi_2}{\Delta I_1} = N_2 \frac{\Delta \Phi_1}{\Delta I_1} = N_2 \frac{\mu A N_1}{l} = \frac{\mu A N_1 N_2}{l} \tag{12.10}$$

つぎに，自己インダクタンスと相互インダクタンスの関係を求めましょう．コイル 1 に電流 I_1 が流れたとき，コイル 1 の自己インダクタンスと相互インダクタンスは，式 (12.2) および式 (12.10) より，つぎのようになります．

$$\left. \begin{array}{l} L_1 = \dfrac{N_1 \Phi_1}{I_1} \\[2mm] M = \dfrac{N_2 \Phi_2}{I_1} = \dfrac{N_2 \Phi_1}{I_1} = \dfrac{N_2}{N_1} L_1 \end{array} \right\} \tag{12.11}$$

同様に，コイル 2 に電流 I_2 が流れたとき，コイル 2 の自己インダクタンスと相互インダクタンスは，つぎのようになります．

$$\left. \begin{array}{l} L_2 = \dfrac{N_2 \Phi_2}{I_2} \\[2mm] M = \dfrac{N_1 \Phi_1}{I_2} = \dfrac{N_1 \Phi_2}{I_2} = \dfrac{N_1}{N_2} L_2 \end{array} \right\} \tag{12.12}$$

式 (12.11) と式 (12.12) より，相互インダクタンスは，二つのコイルの自己インダクタンスを用いて，次式のように表すことができます．

$$M = \sqrt{L_1 L_2} \tag{12.13}$$

12章 コイルのはたらき

> **例題 12.2** 図 12.4 の回路において，コイル 1 の自己インダクタンスが $L_1 = 0.1\,[\text{H}]$ であった．コイル 1 に流れる電流が 1 秒間に $4\,[\text{A}]$ から一定の割合で $0\,[\text{A}]$ に減少したとき，コイル 1 に発生する誘導起電力 v_{L1} を求めなさい．また同時に，コイル 2 において誘導起電力 $v_{L2} = 0.1\,[\text{V}]$ が発生したときの相互インダクタンスを求めなさい．

答

誘導起電力 $0.4\,[\text{V}]$，相互インダクタンス $25\,[\text{mH}]$

解説

式 (12.1) より，誘導起電力は

$$v_{L1} = -L_1 \frac{\Delta I}{\Delta t} = -0.1 \frac{0-4}{1} = 0.4\,[\text{V}]$$

となります．また，式 (12.8) より，相互インダクタンスは

$$M = -\frac{v_{L2}}{\Delta I/\Delta t} = -\frac{0.1}{(0-4)/1} = 0.025\,[\text{H}] = 25\,[\text{mH}]$$

となります．

> **例題 12.3** 図 12.5 の回路において，コイル 1 に $3\,[\text{A}]$ の電流が流れており，鉄心中の磁束が $1.5\,[\text{mWb}]$ であった．コイル 1 の巻数が 500 回，コイル 2 が 1000 回のとき，自己インダクタンス L_1, L_2，相互インダクタンス M の値を求めなさい．

答

$L_1 = 0.25\,[\text{H}]$, $L_2 = 1\,[\text{H}]$, $M = 0.5\,[\text{H}]$

解説

式 (12.11) より，

$$L_1 = \frac{N_1 \Phi_1}{I_1} = \frac{500 \times 1.5 \times 10^{-3}}{3} = 0.25\,[\text{H}]$$

$$M = \frac{N_2}{N_1} L_1 = \frac{1000}{500} \times 0.25 = 0.5\,[\text{H}]$$

となります．また，式 (12.13) より，

$$L_2 = \frac{M^2}{L_1} = \frac{0.5^2}{0.25} = 1\,[\text{H}]$$

となります．

12.3 変圧器

相互誘導を利用すると，交流電圧の大きさを変えることが可能になります．**図 12.6** のように，環状鉄心に一次コイルと二次コイルの二つのコイルを巻いたものを**変圧器**（トランス）とよびます．鉄は透磁率が大きいため，磁束は鉄心内を通り，外にはほとんど漏れません．変圧器は，一次コイル側に交流電源を，二次コイル側に電気機器などの負荷を接続して使用します．

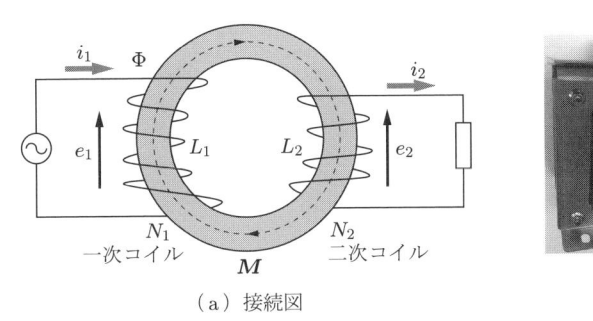

（a）接続図　　　　　　（b）変圧器

図 **12.6**　変圧器

一次コイル側に正弦波交流電圧を加えると，正弦波交流電流 i_1 が流れます．i_1 は時間変化するので，鉄心中に生じる磁束 Φ も正弦波の形で時間変化します．磁束の変化によって生じる一次コイル側の誘導起電力 v_{L1}，二次コイル側の誘導起電力 v_{L2} はそれぞれつぎのようになります．

$$\left.\begin{array}{l} v_{L1} = -N_1 \dfrac{\Delta \Phi}{\Delta t} \\ v_{L2} = -N_2 \dfrac{\Delta \Phi}{\Delta t} \end{array}\right\} \tag{12.14}$$

式 (12.14) より，誘導起電力の電圧比は次式で表されます．

$$\frac{v_{L1}}{v_{L2}} = \frac{N_1}{N_2} \tag{12.15}$$

すなわち，誘導起電力の電圧比は，コイルの巻数の比と等しくなります．一次コイルの巻数よりも二次コイルの巻数を少なくすると，供給される交流電圧よりも低い交流電圧を負荷に与えることができます．逆に，二次コイルの巻数を多くすると，より高い交流電圧を取り出すことができるようになります．このように，コイルの巻数を調

整することで，電気機器が必要とする電圧を変圧器によってつくり出すことが可能となります．また，コイルに流れる電流比は，巻数に逆比例します．

$$\frac{i_1}{i_2} = \frac{N_2}{N_1} \tag{12.16}$$

例題 12.4 変圧器を使って，100 [V] の交流電圧を 18 [V] にしたい．一次コイルの巻数が 500 回のとき，二次コイルの巻数をいくらにすればよいか答えなさい．また，二次コイルに接続した電気機器に 10 [A] の電流を流したい．このとき，一次コイルには何 [A] の電流を流せばよいか答えなさい．

答
$N_2 = 90$ [巻]，$i_1 = 1.8$ [A]

解説
式 (12.15) より，

$$N_2 = \frac{v_{L2}}{v_{L1}} N_1 = \frac{18}{100} \times 500 = 90 \, [巻]$$

となります．また，式 (12.16) より，

$$i_1 = \frac{N_2}{N_1} i_2 = \frac{90}{500} \times 10 = 1.8 \, [A]$$

となります．

● ● ● 演習問題 ● ● ●

12.1 巻数が 100 回のコイルの自己インダクタンスが 0.5 [H] のとき，自己インダクタンスを 2 [H] にするためには，巻数を何回にすればよいか答えなさい．

12.2 自己インダクタンス $L = 0.1$ [H] のコイルに，周波数 60 [Hz] の電流 $\dot{I} = 10\angle -60°$ [A] が流れている．このとき，コイルの両端にかかる電圧 $\dot{V}$ をフェーザ表示で求めなさい．また，$\dot{I}$ と $\dot{V}$ の関係をフェーザ図で表しなさい．

12.3 断面積が 0.01 [m^2] で半径 10 [cm] の環状鉄心に二つのコイルが巻かれている．コイル 1 の巻数が 100 回，コイル 2 の巻数が 300 回のとき，それぞれのコイルの自己インダクタンス L_1，L_2 および相互インダクタンス M を求めなさい．ただし，鉄の透磁率を $\mu = 2 \times 10^{-3}$ [H/m] とする．

13章 コンデンサのはたらき

電気工学における基本的な素子の一つにコンデンサがあります．コンデンサを電源につなぐと，電荷を蓄えることができます．本章は，コンデンサが電荷を蓄える仕組みや，交流回路におけるコンデンサのはたらきについて説明します．

13.1 静電気とクーロンの法則

1章で，電流とは電荷の流れであることを説明しました．本章では，電荷は導体を流れているのではなく，静止している状態とします．流れずに電極などに留まっている電荷のことを**静電気**とよびます．

電荷にはプラスの電荷（正電荷）とマイナスの電荷（負電荷）があります．電荷が理想的に1点に集まっているとしたとき，これを点電荷とよびます．**図 13.1** のように，真空中の二つの点電荷 Q_1, Q_2 [C] が r [m] 離れているとき，この間には次式で表される力 F [N] がはたらきます．

$$F = \frac{1}{4\pi\varepsilon_0} \frac{Q_1 Q_2}{r^2} \tag{13.1}$$

ε_0 は真空の誘電率であり，8.85×10^{-12} [F/m] です．二つの点電荷の値が正のときは反発力，負のときは吸引力がはたらきます．この力のことを静電力またはクーロン力といい，つぎの**電荷に関するクーロンの法則**（Coulomb's law）が成り立ちます．

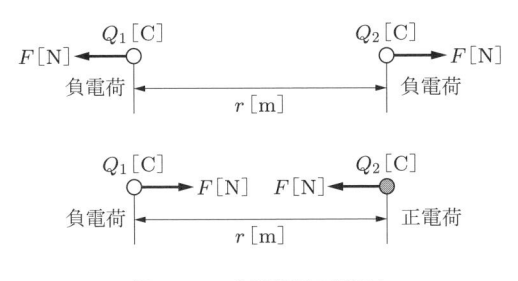

図 13.1 点電荷間の静電力

◇ 二つの点電荷にはたらく力は，それぞれの電荷量の積に比例し，距離の 2 乗に反比例する

電荷が存在する場所の物質（誘電体とよびます）によって誘電率は異なります．真空以外の場所では，その誘電体の誘電率 ε を使って，静電力を次式で表します．

$$F = \frac{1}{4\pi\varepsilon} \frac{Q_1 Q_2}{r^2} \tag{13.2}$$

真空の誘電導を ε_0 とすると，$1/4\pi\varepsilon_0 \simeq 9.0 \times 10^9$ となります．誘電率 ε と真空の誘電率 ε_0 との比を**比誘電率**といい，ε_r で表します．

$$\varepsilon_r = \frac{\varepsilon}{\varepsilon_0} \tag{13.3}$$

例題 13.1 二つの点電荷 $Q_1 = 2\,[\mu\mathrm{C}]$ と $Q_2 = -1\,[\mu\mathrm{C}]$ が真空中で $10\,[\mathrm{cm}]$ 離れて存在するとき，この点電荷間にはたらく静電力を求めなさい．また，点電荷を比誘電率 $\varepsilon_r = 6$ の物質中に置いたときにはたらく静電力を求めなさい．

答
$1.8\,[\mathrm{N}]$ の吸引力，$0.3\,[\mathrm{N}]$ の吸引力

解説
式 (13.1) より，真空中での静電力は，

$$\begin{aligned}F &= \frac{1}{4\pi\varepsilon_0} \frac{Q_1 Q_2}{r^2} \\ &= 9.0 \times 10^9 \times \frac{2 \times 10^{-6} \times (-1 \times 10^{-6})}{0.1^2} = -1.8\,[\mathrm{N}]\end{aligned}$$

となります．値がマイナスのため，引き合う力，すなわち吸引力がはたらきます．
また，比誘電率 $\varepsilon_r = 6$ の物質中での静電力は，

$$\begin{aligned}F &= \frac{1}{4\pi\varepsilon} \frac{Q_1 Q_2}{r^2} \\ &= \frac{1}{4\pi\varepsilon_0} \cdot \frac{1}{\varepsilon_r} \cdot \frac{Q_1 Q_2}{r^2} \\ &= 1.5 \times 10^9 \times \frac{2 \times 10^{-6} \times (-1 \times 10^{-6})}{0.1^2} = -0.3\,[\mathrm{N}]\end{aligned}$$

となり，真空中の値の比誘電率分の 1 になります．

13.2 電気力線と電界の強さ

電荷は別の電荷に対して，クーロンの法則に従う静電力を及ぼします．この静電力の及ぶ領域のことを**電界**とよびます．電界の状態は**電界の強さ** E で表します．電界の強さは単位正電荷（1 [C]）にはたらく力の大きさと向きで表すことができます．E の単位は [N/C] ですが，通常は [V/m] を使います．どちらの単位を使っても数値は同一になります．

図13.2 のように，点 O に Q [C] の点電荷がある場合を考えます．点電荷から r [m] 離れた点 P での電界の強さについて，その大きさ E は次式で表されます．

$$E = \frac{1}{4\pi\varepsilon}\frac{Q}{r^2} \tag{13.4}$$

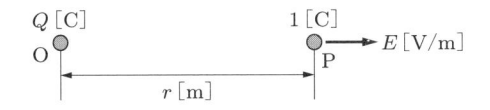

```
Q [C]                1 [C]
 ●                     ●  ──→ E [V/m]
 O                     P
 |←──────  r [m]  ──────→|
```

図 13.2 点電荷の電界の強さ

電界の強さの向きは，点 O から点 P を結ぶ方向となります．電界の強さは大きさと向きをもつベクトル量ですが，以降では単に，電界の大きさと電界の向きとよぶことにします．

電界の大きさは 1 [C] の正電荷にはたらく力を表しているため，q [C] の電荷にはたらく静電力は次式のようになります．

$$F = qE \tag{13.5}$$

6章では，磁界の様子を表現するために磁力線を使いました．同じように，電界の様子を表すために**電気力線**を考えます．磁力線は N 極から出て S 極に入りました．電気力線は正電荷から出て負電荷に入り込みます．式 (13.4) を変形すると

$$E = \frac{Q}{\varepsilon}\frac{1}{4\pi r^2} \tag{13.6}$$

のようになります．$4\pi r^2$ は球の表面積なので，**図13.3** (a)に示すように，Q [C] の点電荷からは放射状に Q/ε 本の電気力線が出ていると考えます．

電気力線の性質をあげると，つぎのようなことがいえます．

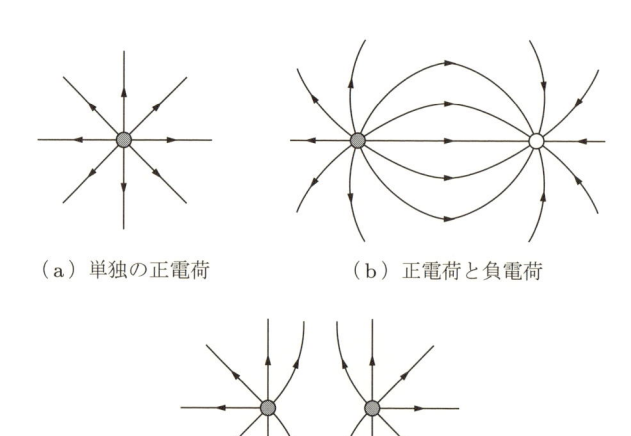

(a) 単独の正電荷　　　　(b) 正電荷と負電荷

(c) 正電荷と正電荷

図 13.3　電気力線

◇ 電気力線は正電荷から出て負電荷に入る
◇ 単位正電荷から出る電気力線の本数は $1/\varepsilon$ である
◇ ある点において，電気力線の接線の向きはその点での電界の向きを表し，電気力線の密度はその点での電界の大きさを表す
◇ 電気力線は途中で分岐せず，ほかの電気力線とも交わらない
◇ 電気力線は「ゴムひも」のように常に縮もうとし，また，たがいに反発する
◇ 電気力線は導体に垂直に入るが，導体内には存在しない

電界中に置かれた電荷は，そこにあるだけでエネルギーをもっていることになります．電界中の単位正電荷がもつエネルギーのことを電位とよびます．**図 13.4** に示すように，$Q\,[\mathrm{C}]$ の点電荷から $r\,[\mathrm{m}]$ 離れた点 P の電位は次式で表されます．

$$V = \frac{1}{4\pi\varepsilon}\frac{Q}{r} \tag{13.7}$$

これは，点電荷の静電力が及ばない無限遠から点 P まで $1\,[\mathrm{C}]$ の電荷を運ぶために必

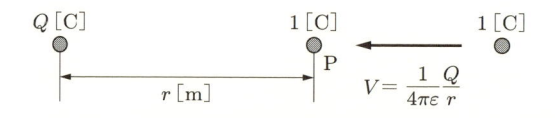

図 13.4　点電荷による電位

要なエネルギーを意味しています．電位の単位は [J/C] となりますが，通常はこれを [V] で表します．すなわち，1 章に出てきた電位と同じものとなります．

例題 13.2 真空中に存在する点電荷 $Q = 3\,[\mu C]$ から 3 [m] 離れた場所の電界の大きさを求めなさい．また，その点の電位を求めなさい．

答
電界の大きさ 3.0×10^3 [V/m]，電位 9.0×10^3 [V]

解説
式 (13.4) より，電界の大きさは

$$E = \frac{1}{4\pi\varepsilon_0}\frac{Q}{r^2} = 9.0 \times 10^9 \times \frac{3 \times 10^{-6}}{3^2} = 3.0 \times 10^3 \,[\text{V/m}]$$

となります．また，式 (13.7) より，電位は

$$V = \frac{1}{4\pi\varepsilon_0}\frac{Q}{r} = 9.0 \times 10^9 \times \frac{3 \times 10^{-6}}{3} = 9.0 \times 10^3 \,[\text{V}]$$

となります．

13.3 電束と電束密度

誘電率 ε の誘電体中では，Q [C] の点電荷から出る電気力線の数は Q/ε 本でした．電気力線は，向きが電界の方向，密度が電界の大きさを表すため，電界の様子を直感的に理解することができます．しかし，電荷から出る電気力線の数は，誘電体の誘電率によって変化します．そこで，電気力線を ε 本ずつ束ねた**電束**として考えると，Q [C] の点電荷から出る電束はどのような誘電体の中でも Q [C] となり便利です．

電束の単位面積あたりの密度を**電束密度**とよびます．電束密度は記号 D で表され，1 [m^2] あたりの電束を示します．D の単位は [C/m^2] となります．**図 13.5** に示すように，Q [C] の点電荷から r [m] 離れた箇所での電束密度は次式で与えられます．

$$D = \frac{Q}{4\pi r^2} \tag{13.8}$$

また，電界と電束密度の関係は次式で与えられます．

$$D = \varepsilon E \tag{13.9}$$

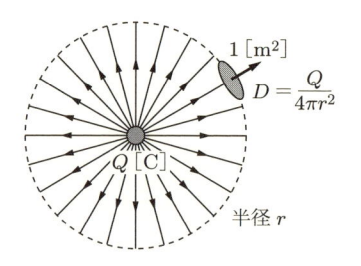

図 13.5　点電荷の周りの電束

> **例題 13.3**　真空中に存在する点電荷 $Q = 0.2\,[\mu\mathrm{C}]$ から $30\,[\mathrm{cm}]$ 離れた場所の電束密度を求めなさい．また，その点における電界の強さを求めなさい．

答
電束密度 $1.77 \times 10^{-7}\,[\mathrm{C/m^2}]$，電界の大きさ $2.0 \times 10^{4}\,[\mathrm{V/m}]$

解説
式 (13.8) より，電束密度は

$$D = \frac{Q}{4\pi r^2} = \frac{0.2 \times 10^{-6}}{4 \times \pi \times 0.3^2} = 1.77 \times 10^{-7}\,[\mathrm{C/m^2}]$$

となります．また，式 (13.9) より，電界の強さは

$$E = \frac{D}{\varepsilon_0} = \frac{1.77 \times 10^{-7}}{8.85 \times 10^{-12}} = 2.0 \times 10^{4}$$

となります．

13.4　コンデンサと静電容量

コンデンサは，静電気を使って電荷を蓄えておく素子です．図 13.6 (a) に示すように，2 枚の金属板で誘電体を挟み，直流電圧 $V\,[\mathrm{V}]$ を加えます．すると，誘電体中は電荷が移動しないので，金属板の片方に正電荷，もう一方に負電荷が表れます．このときの電荷 $Q\,[\mathrm{C}]$ と電圧 $V\,[\mathrm{V}]$ の関係は次式で表されます．

$$Q = CV \tag{13.10}$$

コンデンサの形状や誘電率などで決まる比例定数 C のことを，**静電容量**とよびます．静電容量の単位には**ファラド** (farad, 記号 F) を用います．実用的にはこの単位では大

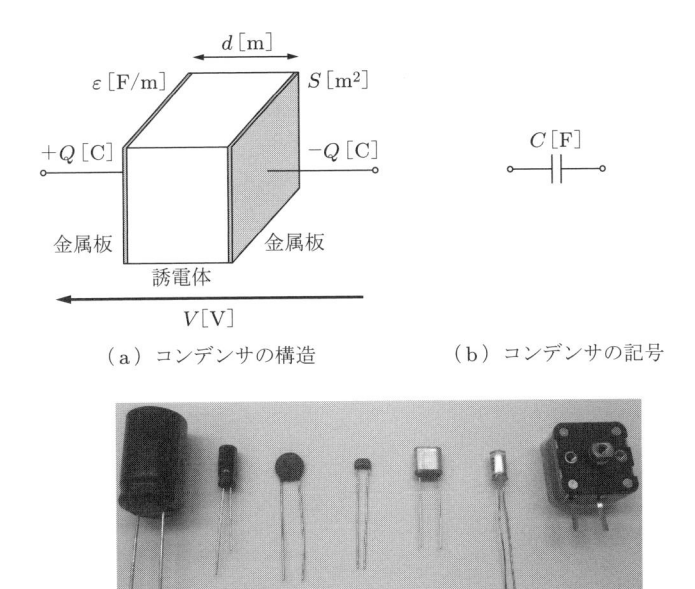

(a) コンデンサの構造　　(b) コンデンサの記号

(c) 各種コンデンサ

図 13.6　コンデンサ

きすぎるので，接頭語を用いて $1\,[\mu\mathrm{F}] = 1 \times 10^{-6}\,[\mathrm{F}]$ や，$1\,[\mathrm{pF}] = 1 \times 10^{-12}\,[\mathrm{F}]$ の単位がよく使われます．また，コンデンサの図記号は図(b)のように表されます．コンデンサの静電容量は，金属板の面積を $S\,[\mathrm{m}^2]$，金属板間の距離を $d\,[\mathrm{m}]$，誘電体の誘電率を $\varepsilon\,[\mathrm{F/m}]$ とすると，次式で表されます．

$$C = \varepsilon \frac{S}{d} \tag{13.11}$$

図 13.7 (a)に示す回路で，スイッチを ab 間でつなぐと電流が流れて，コンデンサの上側に正電荷，下側に負電荷が蓄積されます．つぎに，図(b)に示す回路のようにスイッチを bc 間に切り替えると，蓄えられた電荷は電流となって移動し，最終的にはなくなります．コンデンサに電荷を蓄えることを充電，蓄えられた電荷が電流となって放出されることを放電といいます．

図 13.8 (a)に示すように，静電容量 $C\,[\mathrm{F}]$ のコンデンサに交流電源を接続し，$e = \sqrt{2}V\sin\omega t\,[\mathrm{V}]$ の起電力を加えます．コンデンサの両端に生じる電圧 $v\,[\mathrm{V}]$ は，$v = e$ より，$v = \sqrt{2}V\sin\omega t\,[\mathrm{V}]$ になります．このとき，コンデンサに蓄えられる電荷 $q\,[\mathrm{C}]$ は，式 (13.10) より，次式で表すことができます．

(a) 電荷の充電 (b) 電荷の放電

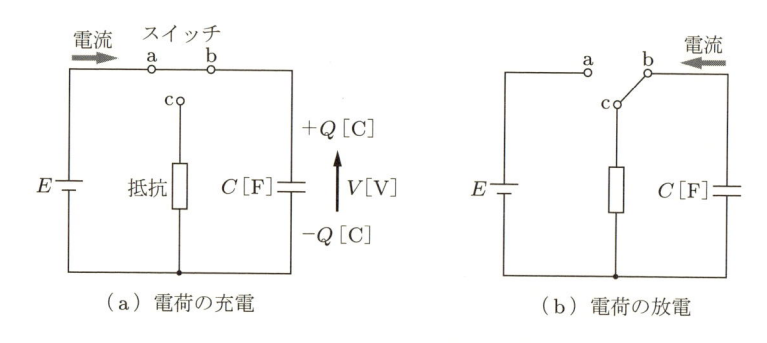

図 13.7 コンデンサの充電と放電

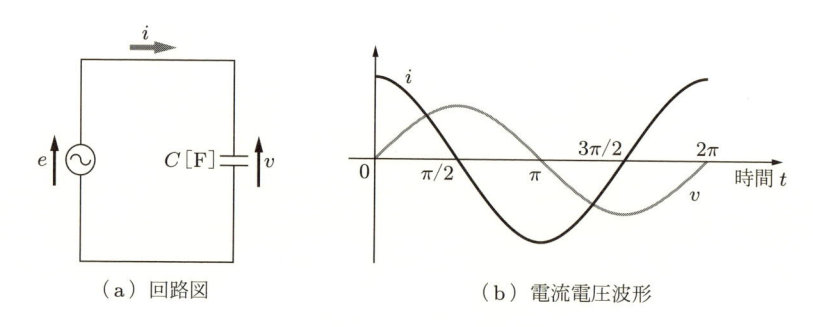

(a) 回路図 (b) 電流電圧波形

図 13.8 コンデンサ接続回路

$$q = Cv = \sqrt{2}CV \sin\omega t \tag{13.12}$$

時間の変化に対する電荷の変化は電流として表されるため，回路に流れる電流 i [A] は次式のようになります．

$$\begin{aligned}i &= \frac{dq}{dt} = \frac{d}{dt}(\sqrt{2}CV \sin\omega t) \\ &= \sqrt{2}\omega CV \cos\omega t = \sqrt{2}\omega CV \sin\left(\omega t + \frac{\pi}{2}\right)\end{aligned} \tag{13.13}$$

コイルに流れる電流 i と電圧 v の波形は図(b)のようになり，電流のほうが電圧よりも位相が進んでいることがわかります．また，電流の実効値は電圧の ωC 倍となります．コンデンサを接続した交流回路では，つぎの関係が成り立ちます．

$$\begin{aligned}I &= \omega CV \\ \theta_i &= \theta_v + \frac{\pi}{2} = \theta_v + 90°\end{aligned} \tag{13.14}$$

つぎに，電流と電圧のフェーザ表示は次式のようになります．また，フェーザ図で表すと，**図 13.9** のようになります．

$$\dot{V} = V\angle 0 = V\angle 0°$$
$$\dot{I} = I\angle \frac{\pi}{2} = I\angle 90°$$
(13.15)

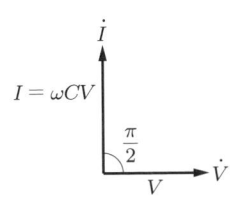

図 13.9 コンデンサ回路における $\dot{V}$ と $\dot{I}$ のフェーザ図

例題 13.4 静電容量 $C = 100\,[\mathrm{\mu F}]$ のコンデンサに $V = 200\,[\mathrm{V}]$ の直流電圧を加えると，コンデンサに蓄えられる電荷はいくらになるか答えなさい．

答
$0.02\,[\mathrm{C}]$

解説
式 (13.10) より，

$$Q = CV = 100 \times 10^{-6} \times 200 = 0.02$$

となります．

例題 13.5 静電容量 $C = 400\,[\mathrm{\mu F}]$ のコンデンサに $v = 100\sqrt{2}\sin(120t - 30°)\,[\mathrm{V}]$ の交流電圧をかけるとき，回路を流れる電流 i を求めなさい．

答
$i = 6.79\sin(120t + 60°)\,[\mathrm{A}]$

解説
式 (13.13) より，

$$i = \frac{dq}{dt} = \frac{d}{dt}\{400 \times 10^{-6} \times 100\sqrt{2}\sin(120t - 30°)\}$$
$$= 0.04\sqrt{2} \times 120\cos(120t - 30°) = 6.79\sin(120t + 60°)$$

となります．

●●● 演習問題 ●●●

13.1 図 13.10 のように，三つの点電荷が真空中に直線上に並んでいる．このとき，点電荷 b にはたらく力の大きさとその向きを求めなさい．

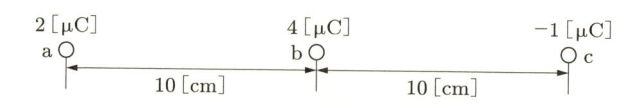

```
   2 [μC]              4 [μC]              -1 [μC]
    a ○                 b ○                    ○ c
       |←── 10 [cm] ──→|←── 10 [cm] ──→|
```

図 13.10 真空中の点電荷

13.2 比誘電率 $\varepsilon_r = 10$ の物質内に $2\,[\mathrm{C}]$ の点電荷 Q が存在する．点電荷から $1\,[\mathrm{m}]$ 離れた場所での電束密度および電界の強さを求めなさい．また，この場所に $0.1\,[\mathrm{C}]$ の点電荷 q を置いたときに q が受ける力を求めなさい．

13.3 面積が $0.1\,[\mathrm{m}^2]$ の金属板を，真空中に距離を $1\,[\mathrm{cm}]$ 離して置いたときの静電容量を求めなさい．

13.4 静電容量 $C = 100\,[\mathrm{\mu F}]$ のコンデンサに周波数 $50\,[\mathrm{Hz}]$ の電圧 $\dot{V} = 100\angle -30°\,[\mathrm{V}]$ を加えた．このとき，回路に流れる電圧 $\dot{I}$ をフェーザ表示で求めなさい．また，$\dot{V}$ と $\dot{I}$ の関係をフェーザ図で表しなさい．

演習問題解答

1章

1.1 答

3.13×10^{10} [個]

解説

電流に関する式 (1.1) より，移動した電荷 Q [C] は

$$5 \times 10^{-6} = \frac{Q}{1 \times 10^{-3}}$$
$$Q = 5 \times 10^{-9} \,[\text{C}]$$

となります．一つの電子がもつ電荷は 1.60×10^{-19} [C] であることから，移動した電子は

$$\frac{5 \times 10^{-9}}{1.60 \times 10^{-19}} = 3.13 \times 10^{10} \,[\text{個}]$$

となります．

1.2 答

（1）2 倍　（2）1/4 倍

解説

いずれもオームの法則を使用します．抵抗が 2 倍のときの値を $2R$，4 倍のときを $4R$ とおくと，つぎのように計算できます．
（1） $V = I \times 2R = 2 \times IR$
（2） $I = \dfrac{V}{4R} = \dfrac{1}{4} \times \dfrac{V}{R}$

1.3 答

$R_1 = 5\,[\Omega],\ R_2 = 10\,[\Omega]$

解説

直列回路の電流は一定であることから，抵抗 R_1 は

$$R_1 = \frac{V_1}{I} = \frac{10}{2} = 5\,[\Omega]$$

となります．ab 間の電圧降下の合計は起電力 E の値に等しいことから，端子電圧 V_2 と抵抗 R_2 はそれぞれ

$$V_2 = E - V_1 = 30 - 10 = 20\,[\text{V}]$$
$$R_2 = \frac{V_2}{I} = \frac{20}{2} = 10\,[\Omega]$$

となります.

1.4 答

$R_0 = 7.5\,[\Omega],\ R_1 = 7\,[\Omega]$

解説

オームの法則より,

$$E = I \times R_0$$
$$15 = 2 \times R_0$$

ですので,合成抵抗は $R_0 = 7.5\,[\Omega]$ となります.

式 (1.6) より,直列接続の合成抵抗は $R_0 = R_1 + R_2$ ですから,

$$R_1 + 0.5 = 7.5$$

したがって,$R_1 = 7\,[\Omega]$ となります.

1.5 答

$18\,[\Omega]$

解説

式 (1.9) より,$R_1 : R_2 = V_1 : V_2$ ですから,

$$R_1 : (R_1 + R_2) = V_1 : E$$
$$2 : (2 + R_2) = 1 : 10$$
$$R_2 = 18\,[\Omega]$$

となります.

2章

2.1 答

(1) (b)　(2) (a)　(3) (a)　(4) (b)

解説

抵抗の接続方法と電流・電圧の関係はつぎのとおりです.

　◇ **抵抗が直列接続された回路において,電流は一定である**

直列接続では,複数の抵抗が力を合わせて電流を流す力(電圧)に抵抗します(直列

演習問題解答 115

接続の合成抵抗)．これにより，流す力は失われていきますが，流れる量に変化はありません．

◇ **抵抗が並列接続された回路において，電圧は一定である**

並列接続により電流が分流すると各抵抗に流れる量は減りますが，流す力（電圧）に変化はありません．

具体的なイメージがつかめない場合は，図 2.1 を見て復習しましょう．

2.2 答

（1）20 [V]　（2）10 [Ω]

解説

（1）はじめに，並列接続の合成抵抗 R_0 を求めると，

$$R_0 = \cfrac{1}{\cfrac{1}{60}+\cfrac{1}{20}+\cfrac{1}{30}} = \cfrac{1}{\cfrac{1}{60}+\cfrac{3}{60}+\cfrac{2}{60}} = \cfrac{1}{\cfrac{1}{10}}$$

となります．したがって，

$$R_0 = 10\,[\Omega]$$

となります．

つぎに，オームの法則より E の値を求めると，

$$E = 2 \times 10 = 20\,[\text{V}]$$

となります．

（2）はじめに，並列接続された抵抗 $R_1\,[\Omega]$ と $10\,[\Omega]$ の合成抵抗を R_A，$20\,[\Omega]$ と $5\,[\Omega]$ の合成抵抗を R_B とおくことにします．合成抵抗は，それぞれ

$$R_A = \frac{R_1 \times 10}{R_1 + 10} \quad ①$$
$$R_B = \frac{20 \times 5}{20 + 5} = \frac{100}{25} = 4 \quad ②$$

となります．

つぎに，R_A と R_B は直列接続されていることから，回路全体の合成抵抗 R_0 は次式で表されます．

$$R_0 = R_A + R_B \quad ③$$

オームの法則より，

$$R_0 = \frac{E}{I} = \frac{18}{2} = 9\,[\Omega] \quad ④$$

となりますので，式④を式③に代入して，

$$R_A + R_B = 9\,[\Omega] \quad ⑤$$

となります．式①，②を式⑤に代入して，

$$\frac{R_1 \times 10}{R_1 + 10} + 4 = 9$$
$$10R_1 = 5R_1 + 50$$

となります．したがって，

$$R_1 = 10\,[\Omega]$$

となります．

2.3 答

（1）$9\,[\Omega]$　（2）$6\,[\Omega]$

解説

（1）はじめに，直列接続された抵抗 $2\,[\Omega]$ と $4\,[\Omega]$ の合成抵抗 R_A を求めます．

$$R_A = 2 + 4 = 6\,[\Omega] \quad ①$$

つぎに，式①を用いて，R_A と並列接続された抵抗 $12\,[\Omega]$ の合成抵抗 R_B を求めます．

$$R_B = \frac{R_A \times 12}{R_A + 12} = \frac{6 \times 12}{6 + 12} = \frac{72}{18} = 4\,[\Omega] \quad ②$$

最後に，式②を用いて，直列接続された抵抗 $5\,[\Omega]$ と R_B の合成抵抗 R_0 を求めます．

$$R_0 = 5 + R_B = 5 + 4 = 9\,[\Omega]$$

（2）直列接続された抵抗 $10\,[\Omega]$ と $2\,[\Omega]$ の合成抵抗を R_A，並列接続された抵抗 $R_1\,[\Omega]$ と $6\,[\Omega]$ の合成抵抗を R_B とおくことにします．合成抵抗は，

$$R_A = 10 + 2 = 12\,[\Omega] \quad ③$$
$$R_B = \frac{R_1 \times 6}{R_1 + 6}\,[\Omega] \quad ④$$

となります．
つぎに，R_A と R_B は直列接続されていることから，回路全体の合成抵抗 R_0 は次式で表されます．

$$R_0 = R_A + R_B \quad ⑤$$

ここで，オームの法則より，

$$R_0 = \frac{45}{3} = 15\,[\Omega] \qquad ⑥$$

ですので，式⑥を式⑤に代入して，

$$R_A + R_B = 15\,[\Omega] \qquad ⑦$$

となります．また，式③，④を式⑦に代入して，

$$12 + \frac{R_1 \times 6}{R_1 + 6} = 15\,[\Omega]$$
$$6R_1 = 3R_1 + 18$$

となります．したがって，

$$R_1 = 6\,[\Omega]$$

となります．

2.4 答

$30\,[\mathrm{A}]$, $m = 3$

解説

測定対象の電流を $I\,[\mathrm{A}]$，電流計内部の電流と抵抗（内部抵抗）をそれぞれ $I_i\,[\mathrm{A}]$ と $R_i\,[\Omega]$，分流器の抵抗を $R_s\,[\Omega]$ としたとき，式 (2.9) より，

$$I = \left(1 + \frac{0.5}{0.25}\right) \times 10 = 30\,[\mathrm{A}]$$

となります．また，式 (2.10) より，倍率 m は

$$m = 1 + \frac{R_i}{R_s} = 3$$

となります．

2.5 答

$300\,[\mathrm{V}]$, $m = 2$

解説

測定する電圧を $V\,[\mathrm{V}]$，電圧計内部の電圧と抵抗（内部抵抗）をそれぞれ $V_i\,[\mathrm{V}]$ と $R_i\,[\Omega]$，倍率器の抵抗を $R_m\,[\Omega]$ としたとき，式 (2.11) より，

$$V = \left(1 + \frac{10 \times 10^3}{10 \times 10^3}\right) \times 150 = 300\,[\mathrm{V}]$$

となります.また,倍率 m は式 (2.12) より,

$$m = 1 + \frac{R_m}{R_i} = 2$$

となります.

2.6 答

(1) $I = 5\,[\text{A}]$, $R_1 = 7.5\,[\Omega]$ (2) $R_2 = 35\,[\Omega]$

解説

(1) bd 間に電流は流れていないことから,ac 間は二つずつの抵抗が並列に接続された回路とみなせます.つまり,点 a で分流した電流は点 c でふたたび合流します.したがって,式 (2.1) より,

$$I = 2 + 3 = 5\,[\text{A}]$$

となります.また,題意より,ブリッジの平衡条件の式が成り立ちます.したがって,抵抗 R_1 は式 (2.13) より,

$$3 \times 5 = R_1 \times 2$$
$$R_1 = 7.5\,[\Omega]$$

となります.

(2) はじめに,ad 間の合成抵抗 R_0 を求めます.まず,左側の並列接続部分の合成抵抗を R_A とします.

$$R_A = \frac{15 \times 30}{15 + 30} = \frac{450}{45} = 10\,[\Omega]$$

R_A と残りの抵抗 $5\,[\Omega]$ は直列接続されているため,上式を用いて

$$R_0 = R_A + 5 = 10 + 5 = 15\,[\Omega]$$

となります.

つぎに,ブリッジの平衡条件の式 (2.13) より,

$$9 \times R_2 = 15 \times 21$$
$$R_2 = 35\,[\Omega]$$

となります.

3章

3.1 答

（1）0.4 [A]　（2）6 [A]

解説

（1）点 a における電流の出入りについて，キルヒホッフの第 1 法則を適用すると，

$$I_1 = 0.6 - 0.2 = 0.4\,[\text{A}]$$

となります．

（2）点 b から点 c に向かって流れる電流を I_3 とおきます．

はじめに，点 b について，キルヒホッフの第 1 法則を適用すると，点 b に下からやってくる電流は

$$4 - 1 = 3\,[\text{A}]$$

ですので，

$$I_3 = (-2) + 3 = 1\,[\text{A}]$$

が得られます．

つぎに，点 c について，キルヒホッフの第 1 法則を適用すると，

$$I_2 = I_3 + 5 = 1 + 5 = 6\,[\text{A}]$$

が得られます．

3.2 答

$I_1 = 0.5\,[\text{A}],\ I_2 = 1.25\,[\text{A}],\ I_3 = 0.75\,[\text{A}]$

解説

はじめに，図 3.5 の回路網上のどの閉路をどの方向にたどるかを決めます．ここでは，**解図 3.1** に示すように，閉路 1 を点 a→b→e→d の順にたどる経路①と，閉路 2 を点 b→c→f→e の順にたどる経路②の二つを用いることにします．

経路①について，キルヒホッフの第 2 法則より，

$$4I_2 + 2I_1 = 6$$
$$I_1 + 2I_2 = 3 \quad ①$$

となります．

同様に，経路②について，

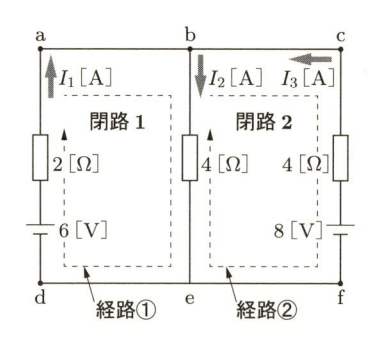

解図 3.1 閉路をたどる方向

$$-4I_3 - 4I_2 = -8$$
$$-I_2 - I_3 = -2 \quad ②$$

となります.

また，点 b における電流の出入りについて，キルヒホッフの第 1 法則より，

$$I_1 + I_3 = I_2 \quad ③$$

となります.

式②，③より，

$$-I_2 - I_3 = -2$$
$$-I_2 - (I_2 - I_1) = -2$$
$$I_1 - 2I_2 = -2 \quad ④$$

となります．また，式①，④より，

$$\begin{cases} I_1 + 2I_2 = 3 \\ I_1 - 2I_2 = -2 \end{cases}$$

となり，これを解くと，

$$I_1 = 0.5 \, [\text{A}] \quad ⑤$$

が得られます.

また，式④，⑤より，

$$0.5 - 2I_2 = -2$$
$$2I_2 = 2.5$$

となります．したがって，

$$I_2 = 1.25 \,[\text{A}] \qquad ⑥$$

が得られます．

また，式②，⑥より，

$$-1.25 - I_3 = -2$$

となります．したがって，

$$I_3 = 0.75 \,[\text{A}]$$

が得られます．

4章

4.1 答

（1）$15\,[\text{W}]$　（2）$90\,[\text{W}]$　（3）$0.4\,[\text{W}]$

解説

式 (4.5) より，

（1）$P = VI = 3 \times 5 = 15\,[\text{W}]$

（2）$P = I^2 R = 3^2 \times 10 = 90\,[\text{W}]$

（3）$P = \dfrac{V^2}{R} = \dfrac{2^2}{10} = 0.4\,[\text{W}]$

となります．

4.2 答

$I = 2\,[\text{A}]$，$P_1 = 24\,[\text{W}]$，$P_2 = 9.6\,[\text{W}]$，$P_3 = 14.4\,[\text{W}]$

解説

はじめに，回路全体の合成抵抗 R_0 を求めます．R_2 と R_3 の合成抵抗を R_{23} とすると，

$$R_{23} = \frac{R_2 \times R_3}{R_2 + R_3} = \frac{150}{25} = 6\,[\Omega]$$

$$R_0 = R_1 + R_{23} = 6 + 6 = 12\,[\Omega]$$

となります．したがって，オームの法則より，

$$I = \frac{24}{12} = 2\,[\text{A}]$$

となります．

ここで，R_1 の電圧降下は

$$V_1 = R_1 I = 6 \times 2 = 12\,[\text{V}]$$

より，R_2, R_3 の電圧降下は

$$V_2 = V_3 = 12\,[\text{V}]$$

となりますので，式 (4.5) より，それぞれ

$$P_1 = \frac{12^2}{6} = 24\,[\text{W}]$$
$$P_2 = \frac{12^2}{15} = 9.6\,[\text{W}]$$
$$P_3 = \frac{12^2}{10} = 14.4\,[\text{W}]$$

となります．

4.3 答

150 [W·s]

解説

はじめに，3 分間を秒の単位に変換しておきます．

$$3 \times 60 = 180\,[\text{s}]$$

つぎに，式 (4.5)，(4.7) より，

$$W = \frac{V^2}{R} t = \frac{25}{30} \times 180 = 150\,[\text{W·s}]$$

となります．

4.4 答

6480 [kJ]

解説

ドライヤーを使用した時間は，

$$(0.5 \times 3600) \times 3 = 5400\,[\text{s}]$$

となります．

つぎに，式 (4.6)，(4.7) より，

$$W = 1200 \times 5400 = 6480000\,[\text{W·s}] = 6480 \times 10^3\,[\text{J}]$$

となります．したがって，

$$W = 6480\,[\text{kJ}]$$

となります．

4.5 答

1476 円

解説

電磁調理器を使用した時間は，

$$2 \times 30 = 60\,[\text{h}]$$

となります．式 (4.6) より，

$$W = 1 \times 60 = 60\,[\text{kW·h}]$$

となりますので，電気料金は，

$$60 \times 24.6 = 1476\,\text{円}$$

となります．

5章

5.1 答

$0.494\,[\Omega]$

解説

導線の断面積は，

$$\text{半径}\,0.2\,[\text{mm}] \times \text{半径}\,0.2\,[\text{mm}] \times \pi$$
$$= 0.04\pi\,[\text{mm}^2]$$
$$= 0.04\pi \times 10^{-6}\,[\text{m}^2]$$
$$= 4\pi \times 10^{-8}\,[\text{m}^2]$$

となります．
式 (5.1) より，

$$R = \rho \frac{l}{A}$$
$$= 1.55 \times 10^{-8} \times \frac{4}{4\pi \times 10^{-8}}$$
$$= 1.55 \times \frac{1}{3.14} \times 10^{-8} \times 10^{8}$$

$$= 0.494\,[\Omega]$$

となります．

5.2 答

$3.98 \times 10^6\,[\mathrm{S/m}]$

解説

導線の断面積は，

$$\text{半径}\,1\,[\mathrm{mm}] \times \text{半径}\,1\,[\mathrm{mm}] \times \pi$$
$$= \pi\,[\mathrm{mm}^2]$$
$$= \pi \times 10^{-6}\,[\mathrm{m}^2]$$

となります．

式 (5.1) より，抵抗率 ρ は

$$0.8 = \rho \times \frac{10}{\pi \times 10^{-6}}$$
$$\rho = 2.513 \times 10^{-6} \times 10^{-1}$$
$$= 0.2513 \times 10^{-6}\,[\Omega]$$

となります．

したがって，式 (5.2) より，導電率 σ は

$$\sigma = \frac{1}{0.2513 \times 10^{-6}}$$
$$= 3.98 \times 10^6\,[\mathrm{S/m}]$$

となります．

5.3 答

$102.2\,[\Omega]$

解説

式 (5.4) より，

$$R_T = 100 + 100 \times (4.4 \times 10^{-3}) \times (25 - 20)$$
$$= 100 + 440 \times 10^{-3} \times 5$$
$$= 102.2\,[\Omega]$$

となります．

6章

6.1 答

◇ 磁力線は N 極から出て S 極に入る
◇ 磁力線は「ゴムひも」のように常に縮もうとし，また，たがいに反発する
◇ 磁力線はたがいに交わらない
◇ 任意の点における磁界の向きは，その点の磁力線の接線と一致する
◇ 任意の点における磁力線の密度は，その点の磁界の大きさを表す

解説

6.1 節で説明しています．

6.2 答

22.5×10^{-8} [N]，吸引力

解説

式 (6.4) に値を代入します．

$$F = 6.33 \times 10^4 \times \frac{m_1 m_2}{r^2} = 6.33 \times 10^4 \times \frac{4 \times 10^{-6} \times (-2 \times 10^{-6})}{1.5^2}$$
$$= -22.5 \times 10^{-8} \text{ [N]}$$

力 F [N] の大きさは異極間なので負となり，吸引力となります．

6.3 答

0.228 [N]，点磁荷 a の方向

解説

点磁荷 a，b の間にはたらく力は，式 (6.4) より，

$$F_1 = 6.33 \times 10^4 \times \frac{8 \times 10^{-5} \times 3 \times 10^{-4}}{0.1^2}$$
$$= 0.152 \text{ [N]}$$

となり，同極なので反発力がはたらきます．
点磁荷 b，c の間にはたらく力は，同じように式 (6.4) より，

$$F_2 = 6.33 \times 10^4 \times \frac{3 \times 10^{-4} \times 2 \times 10^{-4}}{0.1^2}$$
$$= 0.380 \text{ [N]}$$

となり，同極なので反発力がはたらきます．
したがって，磁極 b には，磁極 a，c からそれぞれ反発力がはたらきますが，それぞれの反発力は $F_1 < F_2$ なので，

$$F_2 - F_1 = 0.380 - 0.152 = 0.228 \,[\text{N}]$$

の力が点磁荷 a の方向にはたらきます．

6.4 答

解図 6.1 のとおり．

解説

図 6.9 における電流の向きと逆になります．アンペールの右ねじの法則から，磁力線と磁界の向きは，解図 6.1 のようになります．

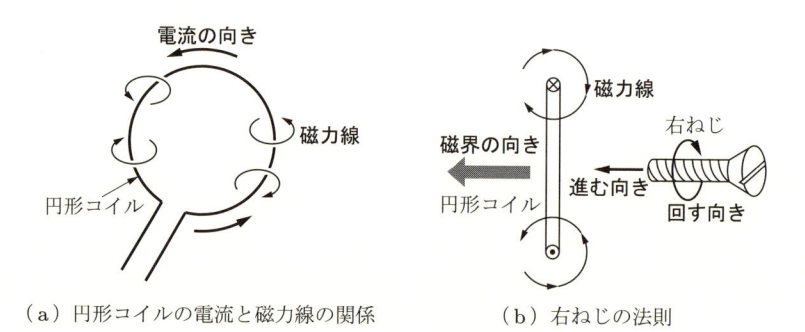

（a）円形コイルの電流と磁力線の関係　　（b）右ねじの法則

解図 6.1 磁力線と磁界の向き

7章

7.1 答

0.133 [A/m]

解説

式 (7.2) より，

$$H = \frac{F}{m} = \frac{4 \times 10^{-3}}{3 \times 10^{-2}} \approx 0.133 \,[\text{A/m}]$$

となります．

7.2 答

40 [A/m]

解説

式 (7.5) より，$r = 4\,[\text{cm}] = 0.04\,[\text{m}]$，$I = 20\,[\text{mA}] = 0.02\,[\text{A}]$ として，

$$H = \frac{NI}{2r} = \frac{160 \times 0.02}{2 \times 0.04} = 40 \,[\text{A/m}]$$

となります．

7.3 答

2.01 [A]

解説

アンペールの周回路の法則の式 (7.7) より，

$$I = H \times 2\pi r = 8 \times 2\pi \times 0.04 = 2.01\,[\text{A}]$$

となります．

8章

8.1 答

3.6 [N]

解説

フレーミングの左手の法則の式 (8.4) より，

$$F = BIl = 0.4 \times 30 \times 0.3 = 3.6\,[\text{N}]$$

となります．

8.2 答

0.2 [A]

解説

フレーミングの左手の法則の式 (8.5) より，

$$I = \frac{F}{Bl\sin\theta} = \frac{0.02}{2 \times 0.1 \times \sin 30°} = 0.2\,[\text{A}]$$

となります．

8.3 答

0.06 [N·m]．0.12 [N·m] となり 2 倍になる．0.03 [N·m] となり 1/2 になる．

解説

式 (8.8) より，

$$T = BIAN = 0.5 \times 0.2 \times 0.002 \times 300 = 0.06\,[\text{N·m}]$$

が得られます．

電流 I が 2 倍になると，トルクは

$$T = B \cdot 2I \cdot A \cdot N = 0.5 \times 2 \times 0.2 \times 0.002 \times 300 = 0.12\,[\text{N·m}]$$

となり，2倍に増えます．

電流 I が 1/2 倍になると，トルクは

$$T = B \cdot \frac{1}{2} I \cdot A \cdot N = 0.5 \times \frac{1}{2} \times 0.2 \times 0.002 \times 300 = 0.03 \,[\text{N·m}]$$

となり，1/2 倍になります．

9章

9.1 答

480 [A], 0.6 [A]

解説

式 (9.1) より,

$$F_m = NI = 1600 \times 0.3 = 480\,[\text{A}]$$

となります．

つぎに，$I = F_m/N$ より,

$$I = \frac{480}{800} = 0.6\,[\text{A}]$$

となります．

9.2 答

1.51×10^{-3} [H/m]

解説

式 (9.6) より,

$$\mu = \mu_0 \mu_r = 4\pi \times 10^{-7} \times 1200 = 1.51 \times 10^{-3}\,[\text{H/m}]$$

となります．

9.3 答

0.0461 [T], 6.45×10^{-6} [Wb], 66.7 [A/m]

解説

磁束密度は，式 (9.7) より,

$$\begin{aligned}B &= \frac{\Phi}{A} = \frac{\mu NI}{l} = \frac{\mu_0 \mu_r NI}{l} = \frac{4\pi \times 10^{-7} \times 550 \times 8000 \times 0.005}{0.6} \\ &= 0.0461\,[\text{T}]\end{aligned}$$

となります．したがって，磁束は

$$\Phi = BA = 0.0461 \times 1.4 \times 10^{-4} = 6.45 \times 10^{-6} \,[\text{Wb}]$$

となります．

磁界の大きさは，式 (9.8) より，

$$H = \frac{NI}{l} = \frac{8000 \times 0.005}{0.6} = 66.7 \,[\text{A/m}]$$

となります．

9.4 答

0.259 [A]

解説

式 (9.11) は，

$$NI = \frac{B}{\mu}l_1 + \frac{B}{\mu_0}l_2 = \frac{B}{\mu_0\mu_r}l_1 + \frac{B}{\mu_0}l_2 = \frac{B}{\mu_0}\left(\frac{l_1}{\mu_r} + l_2\right)$$

となります．これより，

$$I = \frac{B}{N\mu_0}\left(\frac{l_1}{\mu_r} + l_2\right)$$

が得られます．

この式に，鉄心の磁路の長さ $l_1 = 0.8\,[\text{m}]$，エアギャップの長さ $l_2 = 2\,[\text{mm}]$，鉄心の比透磁率 $\mu_r = 250$，コイルの巻数 $N = 8000$，磁束密度 $B = 0.5\,[\text{T}]$ を代入すると，

$$\begin{aligned}I &= \frac{B}{N\mu_0}\left(\frac{l_1}{\mu_r} + l_2\right) = \frac{0.5}{8000 \times 4\pi \times 10^{-7}}\left(\frac{0.8}{250} + 0.002\right) \\ &= 0.259\,[\text{A}]\end{aligned}$$

となります．

10章

10.1 答

紙面に対して $\otimes$（クロス）

解説

フレーミングの右手の法則「右手の親指，人差し指，中指をそれぞれ直交するように開き，親指を導体が移動する向きに，人差し指を磁界の向きに向けると，中指の向きは

誘導起電力の向きと一致する」より，導体に流れる電流の向きは，紙面に対して⊗（クロス）になります．

10.2 答

0.0354 [V]

解説

式 (10.4) より，

$$e = -Blu\sin\theta = -0.5 \times 0.2 \times 0.5 \times \sin 45° = -0.0354\,[\text{V}]$$

となり，大きさとしては，0.0354 [V] となります．

11 章

11.1 答

（1）ともに $T = 20$ [ms], $f = 50$ [Hz], $\omega = 314.2$ [rad/s]
（2）$V_{m_1} = 90$ [V], $V_{m_2} = 120$ [V], $V_1 = 63.6$ [V], $V_2 = 84.8$ [V]
（3）$\theta_1 = 0°$, $\theta_2 = 30°$, $v_1 = 90\sin 314.2t$ [V], $v_2 = 120\sin(314.2t + 30°)$ [V]
（4）v_2 の位相は v_1 より $30°$ 進んでいる．
（5）$\dot{V}_1 = 63.6\angle 0°$, $\dot{V}_2 = 84.8\angle 30°$, フェーザ図は**解図 11.1** のとおり．

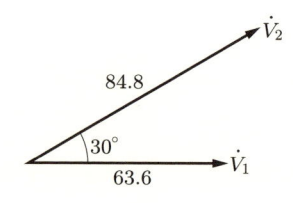

解図 11.1 電圧のフェーザ図

解説

（1）図 11.9 より，ともに周期は 20 [ms] です．式 (11.1) より，周波数は，

$$f = \frac{1}{T} = \frac{1}{20 \times 10^{-3}} = 50\,[\text{Hz}]$$

です．また，式 (11.6) より，角周波数は，

$$\omega = 2\pi f = 100\pi = 314.2\,[\text{rad/s}]$$

となります．

（2）図より，最大値は，$V_{m1} = 90$ [V], $V_{m2} = 120$ [V] です．式 (11.4) より，実

効値はそれぞれ

$$V_1 = \frac{1}{\sqrt{2}}V_{m1} = 0.707 \times 90 = 63.6\,[\text{V}]$$
$$V_2 = \frac{1}{\sqrt{2}}V_{m2} = 0.707 \times 120 = 84.8\,[\text{V}]$$

となります.

（3）図より，$t=0\,[\text{s}]$ のとき $v_1 = 0\,[\text{V}]$ なので，v_1 の位相は $\theta_1 = 0\,[\text{rad}]$ となります．また，$t=0\,[\text{s}]$ のとき $v_2 = 60\,[\text{V}] = V_{m2}/2$ となるので，v_2 の位相は $\theta_2 = 30°$ となります．したがって，瞬時値の式は，

$$v_1 = V_{m1}\sin(\omega t + \theta_1) = 90\sin 314.2t\,[\text{V}]$$
$$v_2 = V_{m2}\sin(\omega t + \theta_2) = 120\sin(314.2t + 30°)\,[\text{V}]$$

となります.

（4）v_1 よりも v_2 の位相が $30°$ 進んでいます.
（5）式 (11.10) より，フェーザ表示は，

$$\dot{V}_1 = V_1\angle\theta_1 = 63.6\angle 0°$$
$$\dot{V}_2 = V_2\angle\theta_2 = 84.8\angle 30°$$

となり，そのフェーザ図は解図 11.1 のようになります.

11.2 　答

（1）$i_1 = 10\sqrt{2}\sin(100\pi t + 60°)\,[\text{A}]$　（2）$i_2 = 15\sqrt{2}\sin(100\pi t + 45°)\,[\text{A}]$
電流波形は**解図 11.2** のとおり.

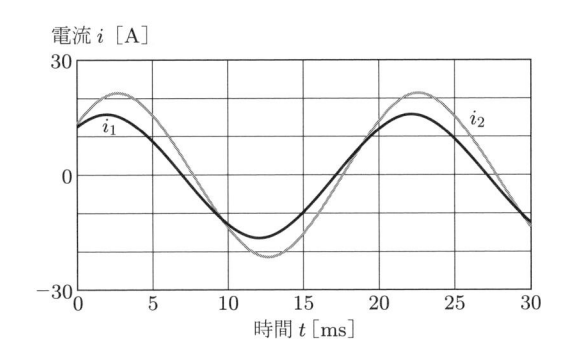

解図 11.2　電流波形

解説

式 (11.12) より，フェーザ表示に変換すると

$$\dot{I}_1 = \sqrt{5^2 + 8.66^2} \angle \tan^{-1} \frac{8.66}{5} = 10\angle 60° \text{ [A]}$$

$$\dot{I}_2 = \sqrt{10.6^2 + 10.6^2} \angle \tan^{-1} \frac{10.6}{10.6} = 15\angle 45° \text{ [A]}$$

となります．これを瞬時値の式に変換すると，$\omega = 2\pi f = 2\pi \times 50 = 100\pi$ より

$$i_1 = 10\sqrt{2}\sin(100\pi t + 60°) \text{ [A]}$$
$$i_2 = 15\sqrt{2}\sin(100\pi t + 45°) \text{ [A]}$$

となります．

電流波形は解図 11.2 のようになります．

12 章

12.1 答

200 回

解説

式 (12.2) より，自己インダクタンスの値はコイルの巻数の 2 乗に比例します．

$$\frac{L_2}{L_1} = \frac{N_2^2}{N_1^2}$$

したがって，自己インダクタンスを 4 倍にするためには，

$$N_2 = \sqrt{\frac{L_2 N_1^2}{L_1}} = \sqrt{\frac{2 \times 100^2}{0.5}} = 200$$

の巻数が必要です．

12.2 答

$\dot{V} = 377\angle 30°$ [A]，フェーザ図は**解図 12.1** のとおり．

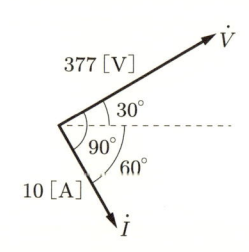

解図 12.1 コイルを含む回路のフェーザ図

> **解説**

周波数 $f = 60\,[\mathrm{Hz}]$ ですので，角周波数 ω は

$$\omega = 2\pi f = 120\pi\,[\mathrm{rad/s}]$$

となります．
　式 (12.6) より，電圧の大きさと位相は，

$$V = \omega L I = 120\pi \times 0.1 \times 10 = 377\,[\mathrm{V}]$$
$$\theta_v = \theta_i + 90° = 30°$$

となるため，電圧のフェーザ表示は，

$$\dot{V} = 377\angle 30°\,[\mathrm{V}]$$

となります．これをフェーザ図で表すと，解図 12.1 のようになります．

12.3 　答

$L_1 = 0.318\,[\mathrm{H}],\ \ L_2 = 2.866\,[\mathrm{H}],\ \ M = 0.955\,[\mathrm{H}]$

> **解説**

鉄心内に発生する磁束の磁路長 $l\,[\mathrm{m}]$ は，

$$l = 2\pi r = 2\pi \times 0.1 = 0.628\,[\mathrm{m}]$$

です．式 (12.9)，(12.11) より，コイルの自己インダクタンス $L_1,\ L_2$ は，それぞれ

$$L_1 = \frac{\mu A N_1{}^2}{l} = \frac{2 \times 10^{-3} \times 0.01 \times 100^2}{0.628} = 0.318\,[\mathrm{H}]$$
$$L_2 = \frac{\mu A N_2{}^2}{l} = \frac{2 \times 10^{-3} \times 0.01 \times 300^2}{0.628} = 2.866\,[\mathrm{H}]$$

となります．また，式 (12.13) より，相互インダクタンス M は，

$$M = \sqrt{L_1 L_2} = \sqrt{0.318 \times 2.866} = 0.955\,[\mathrm{H}]$$

となります．

13章

13.1 　答

点電荷 c の方向に $10.8\,[\mathrm{N}]$

解説

点電荷 a, b の間にはたらく静電力 F_1 は，式 (13.1) より，

$$F_1 = \frac{1}{4\pi\varepsilon_0}\frac{Q_a Q_b}{r^2} = 9.0 \times 10^9 \times \frac{2 \times 10^{-6} \times 4 \times 10^{-6}}{0.1^2} = 7.2\,[\mathrm{N}]$$

となるので，反発力です．

同様に，点電荷 b, c の間にはたらく静電力 F_2 は，

$$F_2 = \frac{1}{4\pi\varepsilon_0}\frac{Q_b Q_c}{r^2} = 9.0 \times 10^9 \times \frac{4 \times 10^{-6} \times (-1 \times 10^{-6})}{0.1^2} = -3.6\,[\mathrm{N}]$$

となり，吸引力です．したがって，点電荷 b には，点電荷 a から反発力が，点電荷 c から吸引力がはたらくため，点電荷 c の方向に $7.2 + 3.6 = 10.8\,[\mathrm{N}]$ の力がはたらいています．

13.2 答

$D = 0.159\,[\mathrm{C/m^2}],\ E = 1.80 \times 10^9\,[\mathrm{V/m}],\ F = 1.80 \times 10^8\,[\mathrm{N}]$

解説

式 (13.3) より，比誘電率 10 の誘電率は，

$$\varepsilon = \varepsilon_r \varepsilon_0 = 10 \times 8.85 \times 10^{-12} = 8.85 \times 10^{-11}\,[\mathrm{F/m}]$$

となります．また，式 (13.8) より，点電荷 q の位置の電束密度は，

$$D = \frac{Q}{4\pi r^2} = \frac{2}{4 \times \pi \times 1^2} = 0.159\,[\mathrm{C/m^2}]$$

となります．

したがって，式 (13.9) より，電界の強さは

$$E = \frac{D}{\varepsilon} = \frac{0.159}{8.85 \times 10^{-11}} = 1.80 \times 10^9\,[\mathrm{V/m}]$$

となります．

点電荷 q が受ける力は，式 (13.5) より，

$$F = qE = 0.1 \times 1.80 \times 10^9 = 1.80 \times 10^8\,[\mathrm{N}]$$

となります．

13.3 答

$88.5\,[\mathrm{pF}]$

■解説

式 (13.11) より，静電容量は

$$C = \varepsilon_0 \frac{S}{d} = 8.85 \times 10^{-12} \times \frac{0.1}{0.01} = 8.85 \times 10^{-11}\,[\text{F}] = 88.5\,[\text{pF}]$$

となります．

13.4 ■答

$\dot{I} = 3.14 \angle 60°\,[\text{A}]$，フェーザ図は**解図 13.1** のとおり．

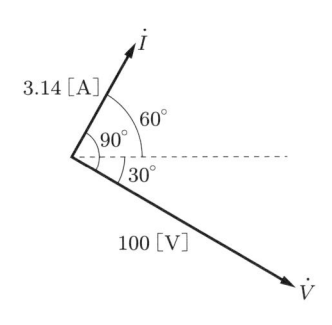

解図 13.1

■解説

50 [Hz] を角周波数で表すと

$$\omega = 2\pi \times 50 = 100\pi\,[\text{rad/s}]$$

となります．

式 (13.14) より，電流の大きさと位相は，

$$I = \omega C V = 100\pi \times 100 \times 10^{-6} \times 100$$
$$= 3.14\,[\text{A}]$$
$$\theta_i = \theta_v + 90° = 60°$$

となります．したがって，電流のフェーザ表示は，

$$\dot{I} = 3.14 \angle 60°\,[\text{A}]$$

です．

これをフェーザ図で表すと，解図 13.1 のようになります．

さくいん ● ● ●

あ 行

アース　3
アンペア　2
アンペア毎メートル　50
アンペールの周回路の法則　54, 57
アンペールの右ねじの法則　47, 48
位相　90, 91
位相差　90
ウェーバ　43, 59
エアギャップ　75
大きさ　91
オーム　4
オームの法則　5
オーム・メートル　37

か 行

角周波数　89–91
環状鉄心　69, 73, 101
起磁力　69
吸引力　44, 103
強磁性体　72
虚数単位　92
キルヒホッフの第1法則　24, 27
キルヒホッフの第2法則　25, 27
キロワット・アワー　32
空気の透磁率　44
グラウンド　3
クーロン　2
クーロン力　103
検流計　18, 78, 80
コイル　78, 80, 95, 99, 101
合成抵抗　7, 13, 14
交流　86
交流回路　86
交流電圧　86
交流電流　86
交流波形　91
コンダクタンス　5

さ 行

最大値　87, 90
磁化　46
磁界　42
磁界の強さ　50
磁荷に関するクーロンの法則　44
磁気　42
磁気回路　69
磁気回路と電気回路の対応　75
磁気抵抗　69
磁気誘導　46
磁極　42
自己インダクタンス　96
自己誘導　95
磁性　42
磁束　59
磁束鎖交数　80
磁束密度　59
実効値　88
ジーメンス　5
ジーメンス毎メートル　39
シャント　15
周期　87, 89
自由電子　2
周波数　87
ジュール　30
ジュール熱　30
ジュールの法則　30
瞬時値　87, 90
常磁性体　72
磁力　42
磁力線　42, 47, 48
磁力線の性質　43, 61
磁路　69
真空の透磁率　44
真空の誘電導　104
振幅　87
正弦波交流　86, 91, 96
正電荷　103, 106, 108

静電気　103
静電容量　108
静電力　103, 104
ゼーベック係数　34
ゼーベック効果　33
相互インダクタンス　98
相互誘導　98
ソレノイド　48, 56

　　　　　た　行

帯電　1
単位正電荷　106
直並列接続　14
抵抗　4
抵抗の温度係数　39
抵抗率　37
テスラ　59
電圧　2
電圧降下　6
電圧の分圧　9
電圧比　101
電位　2
電位差　2
電荷　1, 103
電界　105
電界の大きさ　106
電界の強さ　105
電界の向き　106
電荷に関するクーロンの法則　103
電気回路　4
電気力線　105, 106
電気力線の性質　105
点磁荷　43
電磁誘導　78
電磁力　62
電束　107
電束密度　107
電流　1
電流比　102
電力　31
電力量　32
透磁率　44, 70
導電率　39

ドット　91
トルク　65, 66

　　　　　な　行

ニュートン　44
熱電対　34

　　　　　は　行

倍率器　16
反磁性体　72
反発力　44, 103
ビオ－サバールの法則　51
比透磁率　71
比誘電率　104
平等磁界　56
ファラデーの法則　79
ファラド　108
フェーザ図　111
フェーザ表示　91, 111
負電荷　103, 106, 108
ブリッジ回路　18
ブリッジの平衡条件　19
フレーミングの左手の法則　62
フレーミングの右手の法則　82, 83
分流器　15
平均値　87
ヘルツ　87
変圧器　101
ヘンリー　96
ヘンリー毎メートル　70
ホイートストンブリッジ　19
ボルト　2

　　　　　ま　行

毎ヘンリー　70
マルチプライヤー　16
無限遠　57

　　　　　や　行

誘電体　104
誘電率　104
誘導起電力　78, 96
誘導電流　78

ら行

ラジアン　89, 90
レンツの法則　79

わ行

ワット　31
ワット・アワー　32
ワット・セカンド　32

著者略歴

臼田　昭司（うすだ・しょうじ）
　1975 年　北海道大学大学院工学研究科 修了　工学博士
　1975 年　東京芝浦電気(株)（現 東芝）などで研究開発に従事
　1994 年　大阪府立工業高等専門学校総合工学システム学科・専攻科 教授
　2008 年　大阪府立工業高等専門学校地域連携テクノセンター・産学交流室長
　　　　　光触媒工業会特別会員
　　　　　華東理工大学（上海）客員教授
　2012 年　大阪電気通信大学客員研究員
　2013 年　ホーチミン工科大学（ベトナム）客員教授
　　　　　第 61 回電気科学技術奨励賞（旧オーム技術賞）受賞
　　　　　現在に至る

　専門：電気・電子工学，計測工学，実験・教育教材の開発と活用法
　研究：リチウムイオン電池と蓄電システムの開発，LED 照明，UV LED と光触
　　　　媒浄化システム，企業との奨励研究や共同開発の推進など
　主な著者：「電子工学とトランジスタ」森北出版（1999）
　　　　　　「読むだけで力がつく電気・電子再入門」日刊工業新聞社（2004）
　　　　　　「リチウムイオン電池回路設計入門」日刊工業新聞社（2012）他多数

山崎　高弘（やまさき・たかひろ）
　2001 年　大阪大学大学院工学研究科 修了　博士（工学）
　2001 年　大阪産業大学電気電子工学科（現 電子情報通信工学科）助手
　2004 年　大阪産業大学電気電子工学科（現 電子情報通信工学科）講師
　2013 年　大阪産業大学電子情報通信工学科 准教授

　専門：知識情報処理，機械学習，自然言語処理
　研究：大規模データからの知識獲得，統計的学習とデータマイニング

大野　麻子（おおの・あさこ）
　2009 年　神戸大学大学院総合人間科学研究科 修了　博士（学術）
　2009 年　四條畷学園短期大学ライフデザイン総合学科 講師
　2012 年　大阪産業大学工学部電子情報通信工学科 講師
　　　　　関西大学データマイニング応用研究センター 非常勤研究員
　　　　　現在に至る

　専門：知的学習支援，機械学習，教育工学
　研究：「記述特徴に着目したソースコード作成者認識」や「小売店舗における顧
　　　　客動線の分類」など，系列データを対象とした特徴抽出・モデル化手法の
　　　　提案とその応用に従事

編集担当	藤原祐介(森北出版)
編集責任	富井　晃(森北出版)
組　　版	中央印刷
印　　刷	同
製　　本	ブックアート

はじめての電気工学　　　　　　　　© 臼田昭司・山崎高弘・大野麻子　2014
2014 年 7 月 28 日　第 1 版第 1 刷発行　　【本書の無断転載を禁ず】
2021 年 3 月 1 日　第 1 版第 3 刷発行

著　者　臼田昭司・山崎高弘・大野麻子
発行者　森北博巳
発行所　森北出版株式会社
　　　　東京都千代田区富士見 1-4-11（〒102-0071）
　　　　電話 03-3265-8341／FAX 03-3264-8709
　　　　https://www.morikita.co.jp/
　　　　日本書籍出版協会・自然科学書協会　会員
　　　　JCOPY ＜(一社) 出版者著作権管理機構　委託出版物＞

落丁・乱丁本はお取替えいたします．
Printed in Japan／ISBN 978-4-627-77481-0

MEMO

MEMO